现代环境保护与可持续发展研究

瞿沙蔓　著

中国原子能出版社

图书在版编目（CIP）数据

现代环境保护与可持续发展研究 ／ 瞿沙蔓著．-- 北京：中国原子能出版社，2022.1

ISBN 978-7-5221-1605-1

Ⅰ．①现… Ⅱ．①瞿… Ⅲ．①环境保护－可持续性发展 Ⅳ．① X22

中国版本图书馆 CIP 数据核字（2021）第 195646 号

现代环境保护与可持续发展研究

出版发行	中国原子能出版社（北京市海淀区阜成路 43 号　100048）
责任编辑	杨晓宇
责任印刷	赵　明
装帧设计	王　斌
印　　刷	天津和萱印刷有限公司
经　　销	全国新华书店
开　　本	787mm×1092mm　　1/16
印　　张	11.25
字　　数	202 千字
版　　次	2022 年 1 月第 1 版
印　　次	2022 年 4 月第 1 次印刷
标准书号	ISBN 978-7-5221-1605-1　　　　**定　价** 68.00 元

网　址：http//www.aep.com.cn　　　**E-mail：**atomep123@126.com

发行电话：010-68452845

前　言

保护和改善生态环境，实现人类社会的可持续发展，是全人类紧迫而艰巨的任务。因此，环境保护与实现可持续发展，是一个一而二，二而一的任务。保护环境是实现可持续发展的前提，也只有实现了可持续发展，生态环境才能真正得到有效的保护，保护生态环境，确保人与自然的和谐，是经济能够得到进一步发展的前提，也是人类文明得以延续的保证。

全书共七章。第一章为绪论，主要阐述了环境问题的产生、环境污染与人体健康、环境保护的历史沿革以及可持续发展战略的提出及其意义等内容；第二章为现代全球性环境问题，主要阐述了人口与环境、能源与环境、资源与环境、全球环境变化等内容；第三章为现代环境保护的迫切性与现实状况，主要阐述了现代环境保护的迫切性、现代国外环境保护的现实状况、现代国内环境保护的现实状况等内容；第四章为可持续发展的基本理论，主要阐述了可持续发展理论的内涵与特征、可持续发展理论的思想与原则、可持续发展理论的指标体系、可持续发展战略的实施路径等内容；第五章为现代环境保护与可持续发展战略的关系，主要阐述了可持续发展的实质、环境保护与可持续发展战略的关系以及环境保护在可持续发展中的必要性分析等内容；第六章为现代环境保护的机遇，主要阐述了加快推动绿色发展、全力改善环境质量、加快环境科技与环保产业发展等内容；第七章为现代环境保护的可持续发展对策，主要阐述了可持续发展宏观对策和可持续发展微观对策等内容。

为了确保研究内容的丰富性和多样性，在写作过程中参考了大量理论与研究文献，在此向涉及的专家学者们表示衷心的感谢。

最后，限于作者水平有不足，加之时间仓促，本书难免存在一些疏漏，在此，恳请同行专家和读者朋友批评指正！

作　者

2021 年 1 月

目　录

第一章 绪论

随着我国经济水平不断提高以及社会进一步发展，在取得成绩的同时，也带来了不可忽视的环境问题，影响了人们赖以生存的生态环境。不仅对人体的身体健康产生影响，也制约了可持续发展战略的实施。因此，保护生态环境，实现长远发展，成为社会发展的关键。本章主要分为环境问题的产生、环境污染与人体健康、环境保护的历史沿革、可持续发展战略的提出及其意义四部分，主要内容包括：环境污染的类型、环境污染对人体健康的影响以及可持续发展战略的提出。

第一节 环境问题的产生

据我国 2015 年实施的新《环境保护法》的规定："本法所称环境，是指影响人类生存和发展的各种天然的和经过人工改造的自然因素的总体，包括水、大气、森林、海洋、土地、矿藏、野生生物、自然遗迹、保护区、城市和乡村等。"可见，这里的环境是指人类的外在自然环境，在我国也被叫作生态环境。

环境问题并不是工业时代的产物，而是自古以来就存在的。若按产生原因可划分为原生环境问题和次生环境问题两大类。原生环境问题，如台风、火山爆发、地震等自然灾害，这类环境问题是环境自发产生的；次生环境问题，如雾霾、温室效应、土地荒漠化等，是人为因素引起的。

进入工业文明以来，由于人类不合理的生产生活方式，导致次生环境问题愈加严重。从生态学的角度来看，随着人类社会的发展，人类对环境的压力逐渐到达环境承载力上限，一旦超出自然本身的更新修复能力，生态系统的功能和结构遭到破坏，遂引发环境危机，其影响直接威胁到人类社会的发展存续。是故环境问题是全人类共同的挑战，必须提高到政治层面予以应对。

环境问题产生的主要原因归纳为以下四点：第一，人口的快速增长是环境问题的根本原因，人口的持续增长对物质资源的需求和消耗随之增加，最终超出环境供给资源和消化废物的能力。第二，资源的不合理利用使局部地区生态系统失去平衡，成了全球环境问题的突破口。随着人口的急剧增长和经济迅速发展，人类对资源的需求量越来越大，而资源的循环再生是有时间极限的，尤其是一些非可再生资源一旦枯竭短时间内是不可能循环再生的。第三，片面追求经济的增长成了环境问题的催化剂。传统的发展模式为了追求最大的经济效益，继续采取以损害环境为代价来换取经济增长的发展模式，其结果是在全球范围内相继造成了严重的环境问题，这种盲目追求经济增长的结果往往与长期发展目标背道而驰。第四，缺乏对环境保护的长效机制使环境问题得不到有效控制。当今社会人们对环境问题，已有明确的认识，但在具体对待环境治理上思想认识不统一、步调不一致，难以起到良好的效果。

第二节　环境污染与人体健康

一、环境污染的类型

（一）大气污染

1. 大气环境污染的现状

随着工业的不断发展，我国的环境污染也越来越严重，环境污染的状况，大家有目共睹，而造成我国严重环境污染的原因有很多，比如环境污染治理的策略及技术等多方面的不足。大气环境污染作为环境污染的一部分，也是随着工业的不断发展而不断加重的，造成我国大气环境污染严重的原因也有很多，自然也包括治理策略与技术上的不足等。

此外，大气环境污染会受到外界情况，包括天气情况、季节因素等方面的影响，而环保部门在治理大气环境污染的时候，很容易忽视这些问题，从而导致治理方案存在不足，而根据这些不足的治理方案进行治理，自然也不能达到理想的治理效果，再加上其他相关原因的影响，导致我国目前大气环境污染依旧十分严重。

2. 大气环境污染的产生过程

大气环境污染，主要指的就是在大气当中出现的一些严重的有害物质，随着这些有害物质不断地增多，达到对生态系统严重破坏的程度，而每当到了这个程度，那么人们的正常生活以及未来的发展都会受到严重的打击和影响。而大气污染之所以产生，主要是因为一些污染物的排放，又或者是污染源进入了大气环境当中，并且参与到了大气循环的过程，和大气环境中本身就具有的物质发生了一些反应。

3. 大气环境污染产生的主要原因

（1）人为原因

第一，生活污染。随着人们生活水平的提高，各种生活活动伴随着大量生活垃圾的产生，这些生活垃圾的种类繁多，在对这些生活垃圾的处理方面，大多以集中焚烧为主，由于生活垃圾种类的多样性，使得在焚烧过程中产生了大量烟尘和有害物质，这些烟尘和有害物质会伴随着自然界的风、空气流动等扩散到大气中，影响大气质量。此外，在垃圾焚烧的过程中，往往还伴随着一些强穿透力、稳定性的气体，这些气体对于大气中臭氧层的破坏性是非常大的。

第二，工业污染。工业生产过程较特殊，在一系列工业生产活动的过程中，往往伴随着各种原料的燃烧以及反应，而这些原辅料在燃烧过程中会产生很多的有害气体，如果不及时将这些有害气体进行相应的处理，超高排放对大气的污染是可想而知的。在很多的工业生产领域，热能、电能和动力装置在运行时都需要有充足的燃料供应，虽然一些环节实现了新能源的利用，但传统燃料并未被完全替代，工业生产所造成的大气污染非常严重。

第三，农业污染。在农业生产领域，化肥和农药的使用是非常多的，虽然这些化肥和农药的使用提高了农业产量，但化肥、农药中包含的有害化学物质较多，随意丢弃以后这些化学物质会伴随着雨水的渗透、灌溉用水等进入土壤中，河流流经该区域时，由于存在蒸发作用，其中的有害物质同样会扩散到大气中，引起大气污染。

（2）自然原因

我国国土面积辽阔，包含了很多的资源，不同的区域内存在资源、气候、地理环境等的巨大差异，局部地区的自然灾害频繁发生。比如，我国很多地区都分布在地震带上，这些区域的地震灾害频发，而部分地区的气候干燥，森林火灾的出现较多，这些自然灾害的发生可能会引起大气污染。

4. 大气环境污染的基本构成因素

（1）气象影响因素

大气污染中，气象是一个关键的影响因素，因为温度结合层会直接影响到大气湍流的强弱，当稳定层结能够有效对湍流实现控制，大气中所释放的污染物浓度将会得到有效控制，在垂直方向上的控制作用是非常明显的。但是，如果缺乏稳定层结的形成，热力湍流现象将是非常明显的，伴随着大气运动，气体扩散非常严重。此外，风与湍流之间存在着紧密的联系，风可以将大气中的污染物冲散，如果在其他影响因素保持不变的情况下，风的作用将会使得大气中的污染物浓度有所降低。

（2）工业产业与资源配置问题

从我国国民经济的总体结构来看，工业是最为重要、产值较高的产业，我国的工业结构非常复杂，在工业生产领域包含了各种类型的生产企业，工业产业调整与工业资源的配置同样是大气污染控制和治理中需要考虑的关键因素。因为在工业生产领域对于煤、石油和天然气等能源的需求量偏高，燃烧伴随着污染物的超高排放，空气中的二氧化硫、氮氧化物等污染物排放势必会伴随着这些工业生产活动而持续升高，由此所造成的大气污染治理是非常难的。

（3）汽车与电器应用情况

随着社会生活水平的提高，汽车用户逐年增加，虽然汽车的普及给人们的出行提供了便捷，但汽车通行时存在着尾气的排放，尾气同样是造成大气污染的直接因素。当然，在生产生活领域各种电器设备的使用也存在着废气排放，在大气污染防治中，汽车和电器同样是需要重视的问题。

（二）水污染

1. 水污染的途径分析

在对水污染方面进行深入研究时，应了解和掌握污染途径，促使水污染治理工作开展更具针对性、有效性。

（1）生活污水污染

部分地区污染防治设施建设不完善，居民缺乏环保意识，日常生活中产生的生活污水直接排入周边河流中，从而造成了水污染，对水环境质量产生了潜在威胁，破坏生态系统的稳定性。未经处理的生活污水会降低水环境中的生物存活率，对水环境质量造成损害，制约环境质量水平的提升。

（2）工业废水污染

工业的不断发展，给社会生产力的提高提供了重要的保障作用，但也产生了工业废水污染等问题。工业废水的种类和数量迅猛增加，水体的污染日趋广泛和严重，威胁人类的健康和安全。工业废水包括生产废水、生产污水及冷却水，工业废水指工业生产过程中产生的废水和废液，其中含有随水流失的工业生产用料、中间产物、副产品、生产过程中产生的污染物。工业生产活动开展过程中，部分企业为了节约成本，产生的工业废水不经处理处置或处理不当直接排放在附近的河流中，导致水环境受到了污染，破坏生态环境。工业废水会影响水资源的利用价值和城市居民的饮水安全，制约了社会经济发展，危害了人们的身体健康。

（3）农业污染

在对水污染途径进行探讨时，应关注多种因素共同影响下造成的农业污染。农业污染源包括牲畜粪便、农药、化肥等。农药污水中，一是有机质、植物营养物及病原微生物含量高，二是农药、化肥含量高。大量农药、化肥随表土流入江、河、湖，其中的氮、磷、钾等元素也进入水体，使2/3的湖泊受到不同限度的富营养化污染，造成藻类及其他生物异常繁殖，引起水体透明度和溶解氧变化，致使水质恶化。农业污染的污染因子种类繁多、复杂，污染面积广，加大了水污染治理工作难度，影响了生态环境质量及生态系统的运行效果等。

2. 水环境污染产生的主要原因

（1）排放量大，处理能力不足

工业废水种类繁多，成分复杂，且含有大量有毒有害物质，对人类健康有较大危害。因此，应开发综合利用，化害为利，并根据废水中污染物成分和浓度，采取相应的净化措施进行处置后，才可排放。由于工业生产过程中需要消耗大量的水资源，工业废水排放量大，一些工业企业对生产过程中产生的工业废水处理能力不足，若处理不当排放会造成水体大面积污染，对周边环境造成严重破坏，且污染后水体中所含的重金属会沿着食物链进入人体，威胁人们的生命和健康[1]。

（2）污水治理办法运用不当

工业废水及生活污水未经处理处置排放，会造水体污染、水质下降、破坏自然环境。现阶段，在实际水污染防治过程中，相关部门及工作人员对污水治理缺乏科学运用和创新思维，科学治理意识较弱，使污水治理工作开展不够科学与全面，水污染治理不及时、不彻底，影响了生态环境质量及水资源的正确利用，难以满足可持续发展战略实施要求。

---

[1]　杨莉. 环境污染就在身边 [M]. 长春：吉林摄影出版社，2013.

（三）土壤污染

1. 土壤污染的现状

（1）整体状况不理想

对我国土壤污染情况进行调查后发现，大部分土壤属于无机型污染，而复合污染与有机污染的比重不大。将调查数据进行分析，我们发现南方地区的土壤污染要重于北方地区，尤其是珠三角与长三角地区，而在中南部与西南部，重金属的超标情况十分严重。

（2）耕地土壤环境质量状况不乐观

对不同类型土壤环境的质量状况进行分析，我们了解到土壤点位的超标情况不容乐观，而且不同类型土壤的点位污染超标率也有所差异。其中，铅、镍、汞、多环芳烃与铜是最常见的耕地污染物，而镉、砷等则为林地的常见污染物，镉、砷与镍是常见的草地污染物。对于未利用的土地，镉与镍是最主要的污染物。

（3）工矿业废弃地土壤问题

基于重污染企业用地与周边土壤状况，我们发现点位超标情况明显，且涉及企业包括石油企业、有色金属企业、矿物制品、生物制药企业、造纸企业、皮革企业、电力企业与化工企业等等。而多环芳烃、锌、铅、汞和砷是最常见的污染物，所涉及的行业主要有化工企业与矿业企业。在调查金属冶炼类工业园区与附近土壤后发现，锌、铅、汞、镉与砷是最主要的污染物，而多环芳烃则是化工类园区与附近土壤的主要污染物。在有色金属矿区，多环芳烃、铅与镉的超标情况十分严重。

2. 土壤污染的特点

（1）积累性

土壤环境污染与空气污染、水污染等有较大的不同，空气污染与水污染具有迁移性，而土壤污染不具备这种特性。土壤一旦污染，首先受到影响的是其内在结构，因其不具备迁移能力与自洁能力，使土壤污染的治理难度大。

（2）滞后性

土壤污染形成所需时间较长，从介入污染元素到结果形成需要一定的时间，这就是我们所说的滞后性。这种滞后性主要是因为人们的重视程度不足，在污染发生的初期，其结果容易被掩盖，所以一旦问题呈现出来，就已经对人们的生产和生活造成了影响。

（3）隐秘性

如果大气与水受到污染，我们很容易通过肉眼判断其结果和程度，这就更加便于监测。但是，土壤污染不容易被发现，需要通过比较专业的手段去测试，呈现出一定的隐蔽性。这也是土壤污染监测难度大的原因之一。工作人员在对土壤进行监测的过程中，需要综合分析各种因素，其中包含所在地区的动物、植物以及人类的健康状况。

（4）不可逆性

重金属是土壤污染的主要原因，重金属污染一旦形成，就会由于其自身结构的稳定性长时间对该地区形成影响，不会轻易被分解，这就使得土壤污染具有不可逆性，环境保护部门更应该加大保护力度，尽量避免污染的形成。

（四）光污染

1. 光污染的概念

"光污染"一词并非新词。但是世界范围内对于光污染尚且没有完全统一、明确的界定。现有的光污染概念大都是从光污染的产生和危害两个方面来对光污染进行界定。但是，这种概念界定方式和结果本身仍然是模糊的。毕竟光是人类生存的必要物质，我们的生活离不开光[2]。

所以，不能简单地将有些"刺眼"就归于光污染，而是必须将超过相关标准作为判断光污染的必要条件。有鉴于此，本文所称的光污染，是指违反相关光环境标准，过度使用照明设备或者使用不当材料产生超过标准限度的光辐射，且对人类、生物、生态环境、天文观测、能量浪费造成负面影响的现象或结果。

2. 光污染的特点

（1）来源广泛

就当前来看，光污染主要来自三个方面：一是城市建筑物采用大面积镜面式铝合金装饰的外墙、玻璃幕墙所形成的光污染。二是城市夜景照明所形成的光污染。随着城市夜景照明的迅速发展，特别是大功率、高强度气体放电光源的泛光照明和五彩缤纷、闪烁耀眼的霓虹灯照明，以及夜景照明泛滥使用形成了严重的光污染[3]。此类污染主要包括大气光污染、侵扰光污染、眩光污染、颜色污染等。三是家庭装潢引起的室内光污染。此类污染主要是由于室内装修使用了磨光大理石、釉面或镜面砖墙等各种涂料反射光线。

---

[2] 王中琪，杨秀政. 现代辐射污染与环境防护 [M]. 北京：化学工业出版社，2014

[3] 温国胜. 城市生态学 [M]. 北京：中国林业出版社，2013.

（2）性质特殊

光污染在性质上有其独特性，主要体现在以下几方面。

首先，大气污染、水污染与土壤污染相比，光污染属于物理型污染。由于光污染无味且无固定的形态，因而不能像水污染等其他污染一样通过分解、转化和稀释等方式得到消除或减少。

其次，光污染属于感觉型污染，只有感受到光才可能受到光污染的影响。例如，高速公路上的反射光，只有高速公路上行进的驾驶员才会遭受；商业街的白亮广告牌，也只有路过、停留或居住在附近的人才会感受到。

最后，光污染属于能量型污染，光污染会随距离的增加而减弱；反之，越接近污染源损害越大。以眩光为例，人对眩光的感觉和光源的面积、亮度、光线与视线的夹角（仰角）距离及周围背景的亮度是正相关的，越接近光源伤害越大[4]。

（3）时空集中

所谓时空集中，具体指的是光污染发生的时间和空间均存在集中性。首先，时间集中。在时间上，光污染多发于夜间。例如，夜间各大商场公共场所娱乐场所使用大功率、高强度的气体放电光源，使得夜间照明亮度过高造成污染。其次，空间集中。在空间上，光污染主要发生在光源多、亮的区域。由于城市是光源相对集中的区域，因此城市也是光污染比较严重的区域。相比之下，农村则由于光源少，光污染相对来说影响较小。

（4）侵害相对

光污染的损害程度与个体的身体素质、对光的感知或耐受程度等有关系。例如，美国纽约州特洛伊市伦斯勒理工学院照明研究中心做了一个实验，对两个不同年龄段（即青少年和成人）的参与者夜间褪黑激素抑制大范围光线的水平进行了为期两周的测量。将所有参与者的昼夜节律调整到一致的情况下，使所有参与者都暴露于两种白光源下相同的时间，每次结束后测量绝对褪黑激素基线水平。结果显示，青少年和成人有很大的区别。

3. 光污染的分类

在自然科学领域内现阶段国际上公认的分类方法是把光污染分为三种，即白亮污染、人工白昼以及彩光污染。

（1）白亮污染

白亮污染的产生主要来源于特殊材质建筑物表面对于自然光的反射，通常

---

[4]　张宝杰，乔英杰，赵志伟 . 环境物理性污染控制 [M]. 北京：化学工业出版社，2003.

包括玻璃、大理石等。这些特殊材质表面会在太阳直射的条件下向不同方向反射，若材料表面凹凸不平，则可能会产生更加严重的聚光或者散光的作用。这种现象在中午或者太阳光线强烈的时候影响加剧。经过反射，太阳光的强度会加强数倍，长期处于高强度光线中，会对眼睛健康造成非常严重的影响。

除此之外，由于聚光作用，被反射光照射的物体表面温度会急剧升高，照射室内环境会造成室内环境异常升高，照射燃点低的物质则可能会引起燃烧，从而发生火灾。不光是室内环境遭受影响，过度强烈的光照条件会影响城市绿化植被的正常发育，甚至会缩小过路司机的可视范围。以此造成安全隐患。除了太阳光，人造光同样会产生白亮污染，其作用机理相同于自然光，而由于人造光源相较于自然光的特异性，经过反射会对人体健康产生更大的威胁。在黑夜，这些表面建筑材料经过光线的照射，会成为新的"反射光源"。

（2）人工白昼

人工白昼是指在黑夜，城市一些不必要的，如营造气氛用光、广告宣传用光等效果叠加，造成城市黑夜背景亮度过高的现象。这种光污染影响最大的就是天文观测，过亮的夜空使我们无法看到亮度低的星星，近年来，很多城市，尤其是我国的发达城市，在黑夜几乎不能用肉眼观察到星星。

而据统计，北半球城市夜晚肉眼可观测到的星星数量在千颗以上。而造成此种情况除了大气污染的原因，更重要的是人工白昼。除此之外，人工白昼还可以通过破坏授时因子的途径来改变人们的正常作息，造成人们晚上难以入眠，白天精神不振的现象。对于一些需要在夜间交配繁殖的昆虫而言，人工白昼的危害显得更加严重。城市过度的使用夜间照明设备，与之相伴的则是能源的浪费，在这种种因素的影响下，城市的整个生态系统都会遭到破坏。

（3）彩光污染

彩光污染顾名思义是指彩色光源的过度使用而引起的污染。比如广告灯牌，led显示器，酒吧等娱乐场所的炫目灯光。其中影响较大的就是黑光灯，这种光源由于含有超高的辐射量，不仅会在直接照射时对人体产生不利影响，甚至当人体已经离开传染源时，影响仍然在持续，其特点明显不同于常规光污染的污染源。

光污染除了可以按照上述国际上公认的方法进行分类，还有一些是依据不同标准而对光污染进行分类的。眩光污染是指光线亮度高或者光源与其背景亮度相差过大的一种强光照射的污染。杂乱光污染是指不断闪烁的光源或者不断变换颜色的光源产生的污染。紫外线、红外线属于不可见光，也属于光污染的一种。对于光污染进行分类，可以让我们更好地了解不同光污染的产生和主要危害，有重点地去针对危害严重的光污染，也可以帮助我们的立法更加具有操作性。

（五）噪声污染

1. 噪声污染的概念

在声学意义上，声由物体振动产生，并由声源通过介质传播到人耳被识别感受。但人耳并非可以感受到所有的声音，一般人耳能感受声音振动的频率范围在 20 ～ 20 000 Hz，超过或低于此区间分别被称之为超声波与次声波。人耳主观对声音响度的感受由声音的强度决定，强度由物体振动所产生的声音能量及声波压力所决定。声音能量或者声波压力愈大，人耳感受到的响度也就愈大。据此，在环境科学中，将振幅和频率杂乱、断续或统计上无规律的声振动称为噪声[5]。而在日常生活中，噪声是指接受者不需要的或使人心理、生理机能产生不愉快的声音。所以，人们通常把那些难听的、令人厌烦的声音称之为噪声。而在法律意义上，依照我国《环境噪声污染防治法》第 2 条之规定，影响他人正常学习、工作和生活的声音即可称之为环境噪声。由此看来，对环境污染的界定采用了"超标＋扰民"的标准，即所产生的环境噪声超过国家规定的环境噪声排放标准，且影响人们正常学习、工作与休息的声音。

2. 噪声污染的特点

与大气、水、固体废弃物等其他类型的污染相比，噪声污染具有其特殊性。具体而言。

（1）来源的复杂性

噪声污染的来源复杂，具体体现在污染源的多样性与污染源时空分布的广泛性，难以集中治理。首先，噪声污染的来源主要有两类，一类来自日常生活所需的设备设施，另一类来自人为制造的噪声。其中，室内（外）商业宣传、活动所使用的扩音设备、货物装卸设备、装修设备、家用电器、钢琴、供水供电设施、中央空调等等均属于设备设施噪声污染源；商超内（外）的高声招揽与售卖、小摊小贩通过敲打或高声叫卖、婴儿高声啼哭等等均属于人为制造的噪声污染源。这些噪声产生的环境各不相同，发生的时间也不尽相同，声音的响度频率都具有较大差异。

其次，噪声污染源分布广泛。从空间看，可以分为室内噪声与室外噪声。室内噪声污染问题主要集中于将住宅楼改为门市进行商业经营以及装修所产生

---

[5]　曲格平．环境与资源法导论 [M]．北京：中国环境科学出版社，2007.

的噪声。室外噪声污染的排放量随着城市内人口密集程度的不断提高而增加，人越多的地方噪声越大。有些室外噪声是在固定区域成中心辐射状的，如近些年来备受争议的"广场舞"主要依靠一个固定的音响设备播放节奏型音乐，周围的舞者列有队形的进行广场上的舞蹈；而有些室外噪声是呈线状进行辐射的，如方兴未艾的"健步走"这些队伍少则数十人多则数百人，往往沿着固定的路线行进并携带有便携功放设备，而且在一定间隔会大声呼号。从时间上来看，随着社会的发展人们的工作与活动不再仅仅局限于白天。例如，从黎明到午夜都有许多场所持续营业，所产生的噪声一直在持续，未有间断。

（2）类型的特殊性

首先，噪声污染的特殊性在于它具有无形性与暂时性。理论上，噪声污染属于典型的能量型污染。噪声的产生源于物体振动，当振动停止噪声便会立刻停止，不会在环境中产生累积，声波所携带的能量最终会因耗散殆尽而消失。例如，有些偶发的噪声在一瞬间产生一瞬间消失，难以追溯源头和污染行为。其次，噪声污染的特殊性还在于其具有隐蔽性。例如，安装在地下的变压器、水泵，在楼顶的中央空调或者在楼内的电梯井，声波在固体中的传播速度更快能量损失相对更小，如果没有充分的隔音措施这些噪声会沿着楼体的钢筋混凝土结构进行传播，形成低压（频）型噪声。该种噪声比较少见且不易被察觉，但同样影响居民的正常休息与学习。

（3）损害的感觉性

噪声是一种感觉性污染，每个受体的感受性不同，从而噪声对其的干扰程度也不同。例如，老人、病人等敏感群体对噪声的承受能力较差，面对同样频率、响度的噪声所产生的反应可能会更加明显。再如，不同的环境也决定了噪声的认定，室外热闹的音乐在健身的人耳中是悦耳的节奏，在室内学习的人耳中无疑是恼人的噪声。这意味着，噪声污染不易评估，且具有相对性。这给噪声污染的治理，特别是噪声污染侵权的认定和责任追究带来了困难。

3. 噪声污染产生的主要原因

调查发现，噪声污染严重的原因主要有以下几方面。

一是城市噪声源勘察困难。城市生活中的噪声源多数是在立体空间上随机分布的。由于勘测手段滞后等原因，对噪声源的勘察方法主要为徒手攀爬建筑物外立面，一方面很多噪声源无法被及时发现和治理，另一方面也增加了勘察人员人身安全隐患。同时声波在传播过程中会主动"绕过"遮挡物，加大了噪声源"定位"难度。

二是现行法律法规对噪声的界定模糊且可操作性过低。虽然《噪声污染防治法》《治安管理处罚法》等法律法规对治理噪声扰民现象都作出了相应规定，但在具体条文中对噪声的规定十分模糊，也没有配套的司法解释及操作标准，加之处罚金额过低，导致处理涉声类问题往往只能采取劝导、警告等方式，惩戒作用小。

三是隔音设施多被认定为违建。目前对于城市噪声源的治理，主要通过在产生噪声的设备外侧构筑房、棚、罩等设施，使噪声无法向外扩散。但现行的《城市规划法》等法律，将以治理为目的的构筑物定义为违法建筑，在本市严格落实清理违建政策的大背景下，大量隔音设施被认定为违建而遭拆除，在引发执行冲突的同时，也增加了噪声治理工作的难度。

四是噪声治理技术不足。经过对网上电商平台搜索及对本市部分大型噪声治理设施厂家调查发现，目前隔音设施的建设成本较高。以普通小型餐饮企业为例，对单台小型空调、排风设施加装隔音设施的费用约为 3 万元，这明显对经营者造成一定经济压力。此外近些年一些不法厂商在无技术、无经验的情况下参与噪声治理工作，企业及商户受骗上当情况时有发生，也间接导致了企业不愿治理噪声。

五是社区居民自治能力有待提高。居民间沟通交流渠道、居民自治制度的缺失也加剧了生活噪声扰民现象的增长，使得大部分矛盾无法通过沟通的方式及时解决，只得诉诸投诉或更极端的手段。

（六）电磁辐射污染

1. 电磁辐射污染的概念

由于受认知水平的限制，一般公众往往会把电磁辐射直接等同于电磁辐射污染，然而这两者之间实际上是存在一些区别的。根据科学研究发现，只有当电磁辐射的强度水平超过了人体所能承受的某个强度限值或者是环境所能承受的量之时，才可能会对人身健康和财产安全造成损害。然而，由于按照目前的科学技术水平，很难比较精确的确定安全的电磁辐射强度限值，因此当前绝大多数的国家通常使用的一个方法就是制定一个统一的电磁辐射标准来进行判定。至此，我们可以把电磁辐射污染定义为：电子产品或者工程项目类应用设施和设备在传播电磁辐射能量时，其发射的量超过周边环境所能够承载的容量或者人体所能承受的量，使得人体造成一定程度的伤害后果，并会在某种程度上损害周边环境的现象。

2. 电磁辐射污染的类型

从电磁辐射来源的角度来看，我们可以把电磁辐射的种类分为：自然类辐射与人工类辐射。其中，自然类电磁辐射主要是指宇宙和地球在其自身运行过程中所产生电磁辐射，如太阳黑子爆发所导致的太空风暴所产生的电磁辐射等。这些电磁辐射源自古以来就已经是客观存在的，是我们地球生态环境无法避免的一部分，以我们人类目前的科学技术能力，还无法改变这些自然电磁辐射源的产生。因此，在本文中我们所探讨的电磁辐射污染相关的防治工作问题中污染源主要是针对人造电磁设备而展开的。对于人工电磁辐射源而言，从不同应用领域来划分，可以细分为：交通运输系统装置；广播电视通信系统装置；工业、科学和医疗系统装置；雷达及导航系统装置；高压电力系统装置。

为了简便区分这些人为电磁辐射源，将上述不同领域划分进一步归纳为两大类：一是，工程应用类电磁辐射污染。是指为了充分迎合广大人民群众日常出行和工作等的需要，进而建设的一些大型基建设施所产生的电磁辐射污染，如高速铁路、城市轨道交通和移动通信基站等；二是，电子产品类电磁辐射污染。是指人们为了便利日常生活，从而购置利用的手机和电脑等产品所生成的电磁辐射污染，如智能移动 4G/5G 手机、笔记本电脑和微波炉等产品。电子产品的开发者和生产者在开发生产相关产品时除了要达到现存国家规定的相关标准之外，也需要充分考虑国内外关于这些产品的更高要求的行业标准，以确保所生产的电子产品具有较高的安全可靠性。

二、环境污染对人体健康的影响

（一）大气污染对人体健康的主要影响

1. 对人体呼吸系统的影响

研究发现全球每年约有 370 万人过早死亡，其中 58％是因为缺血性心脏病和中风所致，18％因为慢性阻塞性肺疾病和急性下呼吸道感染，另有 6％的过早死亡是由肺癌所致。大气中污染物会对呼吸道产生刺激，引起咳嗽等症状，造成慢性呼吸道疾病。O_3、PM2.5、NO_2、氯气、SO_2 等污染物均可通过对气道黏膜的损伤，使纤毛清除能力减弱，损伤气道上皮防御功能，促进黏液分泌，易引发细菌感染，对呼吸系统产生慢性或急性损害。长时间吸入 SO_2，会导致呼吸道炎症、支气管炎、肺气肿等；空气中 O_3 浓度升高时，会引发哮喘疾病；美国癌症协会综合多项研究认为，空气中颗粒物质每增加 0.01 mg/m^2，总死亡率、肺心病、癌症死亡率分别增加 4%、6%、8%。空气中污染物对慢性阻塞性肺病（COPD）具有短暂滞后或直接危害效应，造成患者入院风险或急性恶化风险增加，并随其浓度下降发病率逐渐下降；空气中 NO_2 暴露浓度每增加 $10\mu g/m^3$，健康人群患呼吸系统疾病（特别是 COPD）风险将增加 1.94 倍。我国平均每年呼吸系统疾病诊疗费较高，造成很大的经济损失。

2. 对心血管系统的影响

空气污染与心脑血管疾病具有一定相关性。空气中的 PM2.5 和 O_3 会诱发高血压、降低心率并导致心律失常，PM2.5 的颗粒会造成血管内皮细胞损伤，从而造成粥样硬化斑块的形成，使与凝血相关的纤维蛋白原体内浓度升高，凝血因子的分布发生改变，患者发生凝血概率增加，进而引起血栓，因此空气中污染物的增加会引起血栓和凝血的形成。

大气污染物对心血管系统的影响大体上分为短期效应和长期效应，污染物短期内的上升能够引发心律失常、高血压发作、心衰加重，引发急性动脉粥样硬化或缺血性心血管并发症；长期污染可导致动脉粥样硬化，增加心血管疾病发病及死亡风险，对心血管有极大的负面影响。PM2.5 污染是心血管疾病病死率上升的元凶，每上升 $10\mu g/m^3$ 伴随心血管病死亡危险性升高 1.19 倍[6]。

3. 对心理健康的影响

长期暴露在环境污染中会导致人承受较大的心理压力，影响身心健康，是人类多种身心疾病的主要诱因。对不同社会经济地位群体进行考察，发现空气污染对低社会经济地位的群体更容易产生显著负面影响，可能是由于工作环境、生活条件及主动规避措施等方面差异，导致低社会经济地位的群体更易暴露于空气污染中[7]。

（二）水污染对人体健康的影响

水是生命的起源，人类的生存和发展离不开水资源，若是水资源发生污染，则对人体带来的损害更是不可估算。相关调查显示，人类 80% 的疾病都同水污染相关。表 1-1 为水污染物对人体健康的危害性。

[6] 朱红宇. 空气污染与心脑血管疾病的相关性的研究 [J]. 科技风，2019（10）：219.

[7] 沈清基，安超，刘昌涛. 低碳生态城市理论与实践 [M]. 北京：中国城市出版社，2012.01.

表1-1 水污染物对人体健康的危害性

水污染物	人体健康危害性
镉	引起"骨病痛"
砷	引发砷中毒
汞	破坏人体神经系统、消化系统
铅	危害神经、肾脏、心血管和内分泌系统
氰化物	阻断呼吸系统，引起内脏衰竭
氨	结合血红蛋白，破坏运氧能力强
酚	引起神经系统症状

（三）土壤污染对人体健康的影响

土壤会沉积一定的化学元素，继而产生污染源，最终通过食物链进入人体，带来危害。土壤污染主要包括重金属、持久性有机化合物、农药和化肥等。重金属污染的危害：重金属具有移动性较差、不能被微生物降解等特点，当土壤中的重金属进入人体之后，容易给人体带来重金属中毒的危害。农药污染的危害：DDT等农药不容易被降解，在土壤中的残留率较高，农药中的有毒物质在人体中的沉积会降低受精能力，导致婴儿出现先天疾病。

（四）光污染对人体健康的影响

光污染对人体健康的影响是两个方面的，即有直接影响，也有间接影响。首先，不可见光，尤其是彩光污染，彩光中紫外线含量远远大于正常日光中紫外线的含量。而人类长时间暴露在紫外线环境中受影响最大的是人类的眼睛。研究表明，紫外线辐射和翼状胬肉的患病率呈正相关，紫外线也会破坏角膜缘的屏障功能，从而引起结膜上皮向角膜过度增殖。快速频闪变换的彩光同样会对人群，尤其是儿童造成影响。1997年12月16日，日本就爆发了一起因彩光造成的事故。当时，日本著名的卡通节目《口袋妖怪》正在电视上播出，由于在过去动画制作中，经常使用背景闪烁的手段来给观众展示震撼感，每秒24个画面高速闪烁，导致当时正在收看节目的观众，其中绝大多数是儿童，有六百多名晕倒在电视机前。此次事件造成了动画史上最严重的播出事故。不可见光也会增加人体罹患癌症的风险。美国癌症研究学报认为，不可见光的长期照射时导致妇女乳腺癌发病的重要原因，他们发现，罹患乳腺癌的妇女多是长期暴露在夜间照明的情况之下，在这种环境中患病的概率较正常环境要高出55%。可见光的影响主要表现在近视，过去，我们总是认为近视的发病率是由于不科学的眼睛使用而造成的，但是最近加拿大眼科学会的研究称，近视更多的是由于长期接触亮度过高的可见光而造成的。其次，光照对于人体健康同样有着间接的危害。最明显的就是夜间光照通过改变人体授时因子而影响人们正常作息；白亮污染也可以通过缩小人眼的可见范围造成安全隐患。

（五）噪声污染对人体健康的影响

首先，噪声污染会对人的心理造成危害。噪声不仅会使人感到厌烦，如果长期暴露在噪声中还会诱发不良情绪，表现为过度紧张、莫名忧郁、无故疲惫、易怒等状态。进而，这种危害会影响人的生理健康。例如，研究表明，处于噪声环境中会引发神经衰弱综合征，如果长期暴露于噪声中，神经衰弱综合征的患病率将会有显著升高。内脏的神经调节功能会因长期接触噪声而发生改变，引发血管运动中枢调节功能出现障碍，从而导致脂代谢的紊乱。因此高血压、心脏病等疾病易因长期处于噪声中而诱导发病。其次，噪声的干扰还极易引起邻里关系不和、紧张甚至发生冲突，导致大量民事纠纷，进而转为严重的社会问题。

（六）电磁辐射污染对人体健康的影响

电磁辐射污染对人体健康的影响主要包括以下几种。

第一，影响人体内的医疗器具的正常运行。例如，一些心脏功能有障碍的人，可能安装了心脏起搏器，若其长时间遭受强度水平相对较高的电磁辐射环境之中，那么心脏起搏器可能会收到电磁辐射的影响，导致心脏起搏器不能正常的运行，这甚至可能会对病人的生命安全带来危害。

第二，损害人体的某些神经系统。如果长期处于电磁辐射水平较高的环境之中，人的情绪容易发生变化，变得和平常不同的易怒暴躁，更加严重的还会表现为经常性的失眠和记忆力衰退等不好的症状。

第三，危害体质相对比较弱的儿童和孕妇。儿童长期处于高强度水平的电磁辐射环境之中，容易导致其白细胞和血小板减少，进而可能导致患上白血病。而对于孕妇群体来说，长时间高强度水平的电磁辐射容易导致孕妇发生习惯性的流产，或者使胎儿发生畸形等危害。

除了上面所述的几种可能对人身健康产生的不利的影响之外，如果人体长时间的处在高强度水平的电磁辐射场环境之中，人体器官也可能会或多或少地受到电磁辐射的影响，例如人体的免疫、呼吸和生殖系统等会出现问题，甚至有可能会使人体产生癌变等危害。

三、环境污染的防治方法

归根究底，环境污染对人体健康危害的防治需要做好事前预防、事中控制和事后管理整个环节的工作。

（一）建立健全环境污染的事前预防机制

1. 实现对环境标准体系的建设更新

当务之急是要求建立起符合我国当下的环境基准体系，以保障人体健康为目标，而不是以牺牲环境和人体健康来换取经济发展指标。

2. 做好环境污染的防治措施宣传教育

环境污染所带来的健康危害并不是一蹴而就的，而是长期带来的，当前需要建立起环境污染对人体健康损害的预警机制，将相关知识、相关评价标准在全社会范围内宣传开来，让所有居民都能够重视环境污染带来的健康问题，也可以在日常的工作和生活中，避免加剧这种危害。

（二）做好环境污染事件的事中控制管理

1. 以全新的评价机制来评价环境污染事件

在近年来发生的环境污染损害健康事件中，可以明显发现，由于相关评价指标落后或是不全面，导致不能够准确地评估环境污染给人体健康带来危害的严重性。对此，要求实现常态化管理，如做好职业病常态化建设，避免因为工作带来的危害人体健康因素。展开对居住环境周边化工厂等的环境评估，做好相关环境保护工作。

2. 做好日常环境污染防治

对于一些不可抗的环境污染事件，要求能够采取专业的医学知识进行有效防治。如对于大气污染而言，在雾霾环境下，外出需要戴防尘口罩，尽量多饮用可以"清肺除尘"的茶饮，在室内安装空气净化器等。

（三）优化完善环境污染的事后管理制度

对环境污染所带来的人体健康危害事件要控制和减少，需要对环境保护建立一种长效机制。因此需要通过完善环境保护相关法律机制的方式，将保护环境当作是一种基本国策，严格处理那些造成环境污染的不法经济行为和社会行为，增加其违法成本，如此才能够从根源上降低环境污染程度，减少环境污染对人体健康的危害。

第三节　环境保护的历史沿革

一、启蒙探索阶段：1973—1983 年

1973—1983 年，这十年是我国环保工作的启蒙探索阶段。1972 年中国参加了联合国第一次人类环境会议，一年后全国第一次环境保护会议在京召开。第一次全国环境保护会议第一次承认了社会主义国家也存在环境问题，并对前期我国的环境工作进行了反思和总结，提出了今后的工作方针。国务院根据会议确立的环保三十二字方针制定了我国第一部环境保护的法律文件（以下简称《规定》）。《规定》对环保工作进行了全面的部署，在 1973—1978 年起到临时《环保法》的作用。此外会议还提出要尽快成立专门的机构并加强环境保护的宣传工作等要求。全国会议结束以后，各省市也开始组织召开本省的环境保护会议。

一方面，我国开始成立专门的环境保护机构。在中央，由国家计委牵头，国务院环境保护领导小组于 1974 年 10 月正式成立。接着全国各地也相继成立环境保护机构，如北京市的三废治理办公室改名为环境保护办公室。

另一方面，环境制度开始逐步制定出台。1973 年 11 月，纪委和建委卫生部联合发布《工业"三废"排放试行标准》。1978 年 3 月，《宪法》中出现"国家保护自然资源环境，防止污染和其他公害"的明文规定。这一规定被环境法学家蔡守秋教授看作我国环境法体系的奠基、我国环境法制之路的起点。1979年 9 月我国第一部环境法（简称《环保法》）诞生。《环保法》明确规定了我国几种基本环境制度，如环境影响评价、"三同时"和排污收费制度等。1981年国务院发布文件，明确了"谁污染、谁治理"的原则，一年后增加了排污收费制度。与此同时，其他专项立法工作也逐步展开，如 1982 年 8 月全国人大常委会审议通过《海洋环境保护法》。1982 年年底，五届全国人大代表大会第五次会议发布了《第六个五年计划（1981—1985）》。"六五"计划正式把"加强环境保护，遏制环境污染的进一步加重"定为国家发展的十项基本任务之一。1983 年年底召开第二次全国环境保护会议，明确保护环境是我国一项基本国策。

二、开拓初创阶段：1984—1991 年

1984 年到 20 世纪 90 年代初，环境管理机构经历了飞速跃升，从国环办到部内司局，再到国家环保局，这段时期是机构开拓和制度初创阶段。1984 年 12 月，城乡建设环境保护部下设国家环境保护局，名称虽改，但仍是部属局。1984 年 5 月和 1987 年 9 月全国人大常委会分别审议通过《水污染防治法》和《大气污染防治法》。"七五"计划单独用一章对环境保护工作做出重点部署。1988 年国务院在环保局进行公务员改革试点，公开对外招录公职人员。1989 年年底，全国人大常委会正式出台《环境保护法》。同年召开第三次全国环境保护会议。会议讨论了 1989—1992 年环境保护目标和任务，通过了《全国 2000 年环境保护规划纲要》，并确定"预防为主""谁污染谁治理""强化环境管理"三大环境政策。1990 年 12 月 5 日，国务院发布了《关于进一步加强环境保护工作的决定》，《决定》强调要合理开发自然资源，注重节约环保，并且首次提出要实施目标责任制。1991 年"八五"计划发布，第一次把环境保护纳入了国家发展规划。

三、调整发展阶段：1992—2005 年

1992—2005 年是各项环保机构建设和制度建设不断调整发展的阶段。这段时期，我国经济建设取得巨大进步，但是环境危机却日益严重，自然灾害频发。为了改善环境质量，国家启动了首个大规模污染治理计划，并对已有的环境法律进行了修改完善。1992 年我国参加联合国环境与发展大会，根据会议报告拟定了《中国环境与发展十大对策》；两年后又编制了《中国 21 世纪议程》，并借机提出中国的可持续发展目标。1995 年，国务院总结环保工作时，提出了"一控双达标"的严格要求，即到 2000 年，全国污染物排放总量要控制在五年前的水平，环境功能区要达标，工业污染实现达标排放。"九五"计划首次将可持续发展列为国家基本战略，开辟了我国的可持续发展之路。为完成"九五"计划的目标，我国还配套出台了《污染物排放总量控制计划》和《跨世纪绿色工程规划》两项重要规划。"十五计划"则把生态环境保护列为经济社会发展的主要目标和改善民生的重要内容。而且，从 1996 年开始，我国有了专门的环境保护五年计划。1999 年颁布实施《中华人民共和国环境影响评价法》。2003 年，胡锦涛提出科学发展观，要求协调统筹各个方面的建设，实现可持续发展目标。

四、完善成熟阶段：2005—2012 年

2005—2012 年的这段时间环保体制机制不断完善成熟。在政策的顶层设计上，基于科学发展观，胡锦涛又提出要建设资源节约、环境友好型社会。2005年国务院强调要落实科学发展观、加强环境保护。第六次全国环保大会把环境保护提高到重要的战略位置，促进实现"三个转变"。在制度体系建设方面，这一时期，政府制定出台了生态补偿和绿色金融等环境经济政策，控制污染物排放总量和规范工业生产的政策也相继出台。全国人大常委会审议通过了《中华人民共和国可再生能源法》。提高了社会对环境、贸易、气候与能源的综合重视程度，同时也标志着我国开始探索跨领域的综合环境政策，创新能力提升。随着我国加入世贸组织，开始了跨区域的国际环保合作，中国积极参与 WTO 的环境谈判和贸易协定，并且学习国外先进经验，制定了我国应对气候变化的行动方案。

此外，我国尝试建设绿色 GDP 政绩考核体系，将环境保护工作与地方官员的政绩考核联系起来。国家环保总局和统计局联合启动了绿色 GDP 试点工作，试点工作率先在十个省市进行，调查内容以环境污染核算和经济损失为主。

五、改革创新阶段：2012 年至今

2012 年党的十八大召开至今这段时期可以视为环境政策改革创新阶段，十八大以来生态文明建设被提高到空前的政治高度，推动了我国的环境政策发展迈上新台阶。十八大以来严格环境立法，大大提高了环境违法成本，有"史上最严"环境法律之称。《中华人民共和国环境保护法》在 2014 年被重新修订，于 2015 年元旦起正式施行。新《环保法》跟以往最大的不同在于特别强调了"公众参与"，并向全国人民宣传低碳生活。2015 年修订了《中华人民共和国大气污染防治法》，探索建立了联防联控的污染治理机制。一系列新的环境政策出台：污染防治方面，2013 年 9 月国务院制定颁布了《大气污染防治行动计划》，又称《大气十条》。次年环保部通过《土壤污染防治行动计划》，又称《土十条》。畅通群众参与方面，发布了促进公众参与的规范性文件，如《环境影响评价公众参与暂行办法》和《环境信息公开办法（试行）》等。环保问责与督察方面，2015 年中共中央国务院颁布《党政领导干部生态环境损害责任追究办法（试行）》，明确了地方党委的责任，标志着我国的生态文明建设进入实质问责阶段。

此外，中央成立了巡视组、环保督察组，阶段性成果显著。2016 年环保部

不再保留污染防治司和环保部污染物排放总量控制司以及水、大气、土壤三司的成立，标志着中国的环境政策正在从污染物控制转向更加注重改善环境质量和提升综合治理能力。

第四节　可持续发展战略的提出及其意义

一、可持续发展战略的提出

所谓可持续发展战略，是指实现可持续发展的行动计划和纲领，是多个领域实现可持续发展的总称，它要使各方面的发展目标，尤其是社会、经济与生态、环境的目标相协调。1992 年 6 月，联合国环境与发展大会在巴西里约热内卢召开，会议提出并通过了全球的可持续发展战略——《21 世纪议程》，并且要求各国根据本国的情况，制定各自的可持续发展战略、计划和对策。1994 年 7 月 4 日，国务院批准了我国的第一个国家级可持续发展战略——《中国 21 世纪人口、环境与发展白皮书》。

二、实施可持续发展战略的意义

（一）有利于促进环境规划

我国城乡面貌在城市化进程不断加快的背景下发生了翻天覆地的变化，人类文明的不断发展，城市的文化中心、经济和地域政治作用越来越明显。城市规划建设的好处是让城市面貌万象更新，也让社会经济得到了飞速发展，但是对城市的生态环境带来了巨大的挑战。由此可见，我们应当重点关注城市的绿色生态化，注重生态环境的可持续发展，我们要从以人为本的角度，对城市的建设进行规划。

（二）有利于树立全面的发展观

传统发展观把发展看作是经济的增长和物质财富的积累，致使发展建立在大规模生产和对非再生性资源的大规模开采和利用的基础上，最终导致资源枯竭、环境污染等生态危机。可持续发展要求建立人口、资源、环境协调发展的全面思想意识，它体现了人口资源环境与经济社会协调发展的重要性和紧迫性，是一种考虑全局、系统发展的新思想。

（三）有利于资源的合理开发和利用

过去，我国实行的是资源的有偿使用，强调的是资源的经济性管理。今后，在进一步加强资源经济性管理的同时，还应健全资源管理的法律法规。根据国民经济发展的需要，按照市场经济的原则，对资源进行适度开发、综合利用；对稀缺性资源，实行保护性开采。

（四）有利于推动着社会主义精神文明建设

第一，可持续发展战略可以提升人们的素质，加快人的社会化文明进程。在国家经济飞速发展的当下，让很多人产生了拜金价值观和精致利己主义。为了自身的利益可以不顾环境的破坏，这一点在很多新闻中有播报。某化工厂为了节省成本将废水废物不经过环保处理直接排入周边河流，造成环境不可逆的伤害。因此可持续发展战略的提出可以提升人们的整体素质，让人们意识到可持续发展的重要性，从而提升整体的社会文明程度，更加有利于精神文明建设。

第二，在实施可持续发展战略后，人们在发展中遇到的问题需要解决方法，例如如何修复环境污染问题，如何用可再生资源代替不可再生资源。这个过程会面临很多技术难题，需要人们集中智慧解决问题，这样促进人们的思维不断迭代，在思维不断迭代之后，人们的精神文明也会上升一个层次。所以说可持续发展战略能够促进精神文明建设。

第三，在可持续发展战略实施到一定程度并且拥有一些成果以后，可以为精神文明建设提供物质基础。物质基础决定上层建筑，而精神文明正是上层建筑。在可持续发展战略实施之后社会经济可以得到稳定的发展，经济的发展满足了人们的基本物质需求，在这样的基础下人们才可以有追求精神文明的想法。稳定的经济发展是基础，促进精神文明的发展与进步。

第二章 现代全球性环境问题

全球性环境问题越来越威胁着全人类的生存，要解决全球性环境问题就必须建立国际环境合作机制，各国携起手来共同为全球性环境问题的解决做出应有的贡献。本章分为人口与环境、能源与环境、资源与环境以及全球环境变化四部分。主要内容包括：人口迁移对环境影响的作用机制、促进人口与环境协调发展的对策、中国能源消费现状、中国能源消费存在的问题、经济社会与能源环境协调发展的对策等方面。

第一节 人口与环境

一、人口迁移对环境影响的作用机制

根据 IPAT 模型、适度人口理论和可持续发展理论可知，人口作为经济发展和环境保护中的重要因素，对城市生态环境具有较为复杂和重要的影响。目前大规模的城乡人口迁移是我国快速城市化进程中最为显著的变化之一，已经成为人口变化的主导因素。但迁移人口受自身因素和外界因素的影响与本地人口存在显著差异，这些差异会通过关联作用对城市生态环境产生影响，因此基于上述理论基础，从总量和差异性出发，对由此导致的城市内人口数量改变、人口质量改变以及人口消费模式改变进行定性分析，进而明确人口迁移对城市生态环境影响的作用机制。

（一）人口数量增加对城市生态环境的影响

人口的生产和消费活动是连接资源与环境的纽带，只有适度的人口数量才能平衡资源与环境之间的关系，保证经济持续健康发展，因此在环境承载能力有限的条件下，人口数量的变动会直接和间接的改变对资源的占用水平和利用

效率，进而对城市生态环境产生重要影响。

1. 人口数量增加会加剧人口与资源稀缺之间的矛盾

城市的人口容量在一定时期内是有限且固定不变的，大量的迁移人口增加了城市人口密度，直接导致了对本地人口生存空间和资源占用水平的挤压，为满足大量人口的生活、生产需求进而导致城市范围的扩张，挤占原郊区耕地、生态用地等，导致土地利用不合理。城市内人口集聚度增高，不仅会促使城市扩张，而且还会增加对各类资源需求、相应基础设施建设以及垃圾处理强度等，进而增加城市的发展成本。

2. 人口集聚效应会在一定程度上改善资源的利用效率

人口作为发展的关键要素，人口的集聚也刺激了技术的进步和消费结构的升级，有利于改善城市生态环境。人口集聚不仅改变了因人口居住分散产生的产业布局单一、资源利用率较低、环境污染严重和管理困难等问题，降低了环境成本，提高了资源综合利用，促进环境污染的治理和循环经济的发展；而且还会在一定程度上降低地区的资源闲置率，为其经济发展提供劳动要素，促使能源资源得到合理的配置和利用；此外，还会优化用水结构，提高用水效率和水资源的管理水平，促进城市产业升级和技术水平提高，提高城市基础设施利用率，又一定程度上减缓了能源消耗量，而且人口迁移为更多的人提供了更容易获得清洁燃料的途径，进而加快了城市地区的能源结构向更高比例的清洁燃料转换进程。

（二）人口质量变动对城市生态环境的影响

人口素质体现了人类认识世界、改造世界的能力，人口素质的高低直接决定了对资源的选择能力和利用能力，特别是人口的文化素质，因此人口素质对环境的影响十分重要。我国城市内的迁移人口绝大部分来自农村，整体而言受教育水平不高，以初中学历为主，大学及以上学历者较少，相对于本地人口而言素质较低。因此，城市内本地人口和迁移人口在素质上的差异会通过其消费选择、环保意识等对城市生态环境产生不同影响 [8]。

其一，人口文化素质高低会从整体上影响人们对资源、环境、发展之间关系的认识。素质较低的人口往往只关注眼前的利益，环境保护意识不强，并且环境危机感意识较弱，为了满足短期的发展需求对资源环境进行掠夺性开发、过度利用资源和低效率的使用资源等，最后造成严重的环境污染和资源破坏。

---

[8]　周海旺. 人口、资源、环境经济学理论前沿 [M]. 上海：上海社会科学院出版社，2016.

而素质较高的人口会长远考虑，能深刻认识到环境问题对人类发展的重要性，环保意识相对较高，对环境问题较为敏感，注重生活垃圾的分类回收、循环利用等，参加宣传和保护环境的活动，有利于减少对环境压力和损失。

其二，不同素质水平人口在选择消费层次、结构和方式上存在较大差异，进而会对环境产生不相同的影响。高素质人口的消费层次较高，消费结构和方式较为合理，对绿色产品的识别能力强，且偏好于绿色消费。高素质人口在追求更高的消费层次中，逐渐倾向于精神消费，但迁移人口受多种原因的限制更倾向于物质消费，而物质消费相对于精神消费而言，具有较大的资源损耗，对生态环境造成的不利影响较大。

由于素质较低的人口对资源的使用和选择能力有限，在生活和生产资料的选择上更依赖于易得性和廉价性的资源，这类资源一般具有较大的污染排放，而且对资源的利用程度往往不充分，会导致资源的浪费，增加物质循环的周期，增加环境压力。另外，素质较低的人口对单一资源的依赖性较强，大量的、不节制的使用会导致该类资源的使用强度超过其承载能力，造成资源枯竭。

其三，人口素质会影响对科学技术的了解和使用情况，特别是和环境保护相关的技术。较高素质的人口能够通过较多的渠道，较快地掌握相关的环境科学技术，并能很好地将其运用到实际生活中，对降低环境污染起到很好的促进作用，而素质较低的人口往往对科学技术的发展关注度不高，且关注渠道有限，对技术的了解和使用较为落后，不利于环境改善。

（三）人口消费模式变动对城市生态环境的影响

随着经济水平不断提高，消费活动作为人口对环境作用过程中的重要变量，对环境的影响作用越来越显著，而不同的消费水平、消费结构对资源的占用不同，因此产生的环境效应也不尽相同。迁移人口不仅增加了城市消费总量，同时也因在收入水平、户籍等方面的限制与本地人口在消费模式方面存在显著差异，因而会产生不同的环境影响结果。

1. 从消费总量来看

迁移人口增加了城市内消费总量，进而增加了对资源的使用量，特别是对满足生存需求的水资源、能源资源、土地资源等的占用量，在一定程度上增加了城市资源环境的压力和对强污染排放资源的使用量。

另外，随着资源消费总量的增加，相应的污染排放量也不断增加，包括污水排放、生活垃圾产生、大气污染物排放等。

2. 从消费结构来看

收入水平是影响消费结构的重要因素，收入越高，消费结构越复杂，越容易实现较为合理的消费结构，反之亦然。相对于本地人口而言，迁移人口受自身原因及外部原因的限制，收入水平相对较低，消费能力有限，消费结构就相对较为简单。

我国学者罗能生和张梦迪（2017）为便于研究居民消费结构对环境的影响把生活中 8 项主要的消费项划分为三类：生存型消费（食品、衣着、居住）、享受型消费（家庭设备及服务、医疗保健、交通和通信）和发展型消费（文教娱乐用品），由此来看我国大部分迁移人口仍处于生存型消费阶段，消费支出以满足基本生活需求为主，该消费类型虽然会直接或间接地增加对自然资源的占用，但产生的环境污染相对较低。而城市本地人口的消费结构基本已越过生存型消费阶段转向享受型消费，该消费阶段对工业产品的需求量增加，特别是汽车、空调等耐用消费品。然而虽然我国第二产业处于结构优化升级阶段，但部分产业仍处于相对粗放的增长阶段，存在过度依赖自然资源、能源开采严重且利用效率较低、对清洁能源使用占比较低等问题，因此随着对第二产业产品需求量的增加，产生的环境污染效应也不断增加。就耐用消费品本身而言，也会通过直接或间接的方式增加能源消费量和污染排放量。

另外，由于我国独特的户籍制度，目前在城市内生活的人口主要分为两类：一类是具有城市户口的居民，另一类是不具有城市户口的居民。迁移人口基本是不具有城市户口的居民，由于户籍差异一方面使迁移人口和本地人口在使用城市能源基础设施，享受社会福利和其他城市服务方面存在差异，另一方面还影响了迁移人口对未来的预期，加剧了不确定性心理，因此促使其增加预防性储蓄，进而影响迁移人口的消费水平、结构以及对城市生态环境的影响效应。

二、人口与环境协调发展对策

（一）大力发展教育

加大教育投入，扩大人才投资主体。人口、经济与资源、环境的协调发展对教育和人才的发展提出了更高、更迫切的要求。今后应该在继续加大政府对教育的投资力度的同时，尽快建立政府、社会、企业和个人四位一体的人才投资模式，以拓宽人才投资资金的筹集渠道，充分发挥每一投资主体的积极性，提高人才投资的整体功能和综合效益。利用政策导向，优化人才结构。

第一，加大对落后地区的帮助力度，缩小人力资本的空间差异，提高全民人口文化素质。第二，更加注重农村的教育发展及人才培养，加速建立面向农民的知识、技术传授及培训机构，缩小人口文化素质的城乡差异。第三，大力发展职业教育及技工培养。技术型人才短缺成为目前社会经济发展的重要制约因素，要以市场为导向，在注重教学质量的同时，扩大各级各类职业教育的办学规模，为社会发展服务。第四，重视对关键学科及关键领域的高级专家及技术人才的培养。应特别重视对资源、环境开发保护领域的人才培养、人才引进工作，加大资源、环境领域的科研投资力度。

（二）优化人口结构

加快城市化发展，优化人口的城乡结构。与农村相比，城市更有利于促进区域可持续发展。城市以规模经济的形式，实现了资源的集约利用，提高了对资源、环境的利用效率；有利于对资源、环境进行综合、高效治理；有利于减轻人口对自然资源的过度依赖。

因此，推进城市化的进程同样是优化人口城乡结构，促进人口与环境更加协调发展的过程。加快城市化进程，促进人口的城乡结构转变，首先，应优化城市布局，实现大中小城市协调发展。其次，增大投资，加强基础设施建设。应转变观念，实现城市化建设资金来源的多元化，本着"谁投资、谁收益"的原则，积极鼓励民营资本投资城市基础设施建设。最后，大力推进农村产业化与城市化进程。在农村发展、壮大农产品加工等传统产业，在此基础上积极招商引资，培育促进农村经济发展新增长点，尽快完善土地的有偿使用政策，实现土地的快速流转，促进农村城市化发展。

加快产业升级，优化人口的产业结构。首先，应加快二、三产业的发展，加快工业化进程。在产业结构升级中，改进生产技术，提高资源利用效率，及时淘汰资源消耗多、环境污染严重的落后产业；加强与外界的交流与合作；整合资源优势，因地制宜，实现产业合理布局。其次，加大对环保产业的扶持力度。抓紧制定和完善环保产业发展的环境标准，治理环保产业市场的混乱，杜绝不正当的竞争，反对地方保护主义；严格控制环保产品的生产与经营，抓紧发展环境信息咨询和技术服务产业；加大环保投资的力度，促进环保产品生产和环境污染治理的技术研发。

（三）统筹人口布局

依托科学规划，促进人口空间合理分布。应根据区域环境要素特征、敏感性及生态服务功能的空间分异特点，科学地进行生态功能区划，用于指导自然资源合理开发、生态环境保护及产业合理布局。

根据人居环境适宜性、资源环境承载力与社会经济发展水平，统筹考虑现有开发密度与人口发展潜力，进行不同类型的人口发展功能分区，对于引导人口有序流动与合理分布、促进人口与资源环境协调发展具有重要意义。实现城乡协调发展，统筹城乡人口布局。

应该树立"城乡并重，以城带乡，以乡促城，城乡结合，优势互补，共同发展"的新理念，积极推动城乡一体化发展，充分发挥城乡规划的作用来引导区域城乡人口合理流动和分布。通过统筹建设城乡基础设施、统筹城乡资源环境保护和建设等"硬件统筹"和建立城乡统一社会保障体制，统筹发展社会事业等"软件统筹"来缩小城乡差距，促进城乡人口的和谐分布[9]。

加大政府对农村的政策支持和投资力度，积极推进新农村建设。加快城乡二元户籍制度革新，促进城乡人口流动，分类引导农村人口向城镇转移。长期存在的城乡二元户籍制度，严格限制了农村人口向城镇的迁移与转变。

因此，应加快对城乡二元户籍制度的改革，打破"农业"与"非农业"人口的界限，解除在计划体制下附着在户籍制度上的各方面的障碍，消除因户籍关系不同而造成的待遇差别，使城乡居民在发展机会面前人人平等。逐步规范户口类型，实行以居住地划分农村人口和城镇人口，以职业划分农业人口和非农业人口的人口政策；降低城镇人口的准入门槛，鼓励农村人口和外来人口进城工作和定居，鼓励有相对固定住所，有合法收入或稳定收入来源的农村人口办理城镇常住户口，成为城镇居民，纳入城镇社保范围。

（四）完善生态与环境保护机制

加快自然资源开发利用、生态保护和环境建设的市场化建设，实现资源的有偿使用和排污权合理交易。转变政府管理职能，尽可能采用合理的经济手段进行干预。要建立具有权威性的自然资源产权和排污权管理的行政机构，同时对资源、环境的所有权实行企业化管理和经营，建立自主经营、自负盈亏、自我积累、自我发展的经营机制，将资源利用和环境保护产业推向市场[10]。

建立绿色财税机制，实现绿色资本积累。革新现有财税机制，将环境与可持续发展方面的财政独立出来，通过制定合理的税收和确定不同部门设立税费

[9]　国家人口和计划生育委员会发展规划与信息司．促进人口长期均衡发展研究：人口发展战略与"十二五"规划研究报告之二 [M]．北京：中国人口出版社，2010．

[10]　任丽梅．可持续发展社会行动系统研究 [J]．合肥工业大学学报（社会科学版），2008，22（06）：64-67．

的权限，寻找影响各部门和投资主体积极性的税费因子，积累绿色资本。加强地方环境立法，制定严格、更具有操作性的地方性法规和政府规章，建立和完善符合区域实际情况的地方环境标准体系。

改进和强化环境影响评估制度。环境影响评估制度对于环境保护具有重要作用，但是无论是目前我国的环境影响评估立法还是评估的实际执行都存在不完善之处。对于社会经济发展中的项目建设，特别是各级政府的重大决策及重大项目建设，必须实行环境论证，并增加信息的透明度和社会的参与力度、监督力度。

第二节　能源与环境

一、中国能源消费现状

（一）中国能源消费总体现状

我国是能源消费大国，能源作为经济发展的主要生产投入要素之一是经济发展中不可或缺的物质资源。能源安全问题是影响经济可持续发展的重要因素，随着经济迅速发展，能源生产与消耗量也大幅度增加。能源供需问题使我国更依赖能源进口满足经济发展产生的大量能源需求。近年以来，我国的能源生产与消费总量在不断地提高。到 2019 年我国能源消费总量 48.6 亿吨标准煤，同比增长 3.3%。国内生产总值不断增长，能源消费总量随着经济增长规模的扩大而增加。

同时，能源消耗总量与能源供给总量之间的差额也不断扩大。国内能源需求的扩大对能源供给提出了严峻的挑战，能源供需矛盾逐渐显现。提高能源使用效率，改善能源消费结构对实现我国经济可持续发展具有重要意义。

我国能源消费总量持续攀升，但近些年来能源消费增长速度维持在较低水平。

2003—2005 年为实现经济快速发展，加快工业化发展能源消费增速最快。2008—2009 年，考虑到金融危机对国内经济的冲击，能源增长速度出现较低值后又出现反弹。自 2012 年后，我国经济发展对能源依赖程度逐渐减弱，能源消费增长速度减缓，这说明一方面我国转变以能源等物质要素投入的粗放型经济发展模式，加快培育发展新兴产业及高新技术产业，淘汰低产能，坚持走可持续发展道路。其次，经济增速放缓，经济增长幅度减少对能源需求量。

近年来，我国能源强度不断下降，技术进步是促进能源效率提高降低能源强度的最主要因素，在经济发展过程中我国技术发展对降低能源强度发挥了巨大作用。与世界其他国家尤其是发达国家相比，我国能源强度仍处于较高水平。采用汇率法，2017 年我国能源强度是世界平均水平的 1.8 倍，分别是美国的 2.5 倍、欧盟的 3.3 倍、日本的 4.3 倍，差距很大。若采用购买力平价法，我国的能源强度也是世界平均和美国的 1.3 倍，是欧盟和日本的 1.7 倍。我国能源消耗强度低的原因主要有两点，技术水平和能源结构。与发达国家相比，我国技术发展水平处于弱势，高新技术创新能力不足，技术提高能源使用效率的程度有限。

其次，第二产业中的工业、建筑业等产业部门产出多依赖能源投入，机械设备更新换代速度慢，单位产品能源消耗大。第二产业在产业结构中的占比较大，故我国能源强度相比发达国家仍处于较高水平。我国为降低能源强度实现高质量发展亟须调整产业结构，改变粗放型经济发展方式，提高科学技术创新能力。

我国能源强度逐年下降，但经济增长对能源生产与消费的需求不断扩大，能源生产与消耗量却逐年攀升。能源强度下降带来的节能量可能抵消经济增长产生的新增能源需求。这说明中国确实存在能源回弹现象，对于能源回弹程度及其变动情况仍需进一步研究。

（二）中国能源消费结构现状

1. 总体能源消费结构现状

能源消费结构对一国能源发展战略有重大影响。我国是煤炭资源比较丰富的国家，过度依赖煤炭导致能源效率低下和环境污染问题难以改善，增加石油在消费结构中的占比增大能源进口，增加对国际能源依存度，能源安全问题难以保障。

1996—2018 年，煤炭和石油仍然是我国主要消费能源，1996—2018 年以来，煤炭在能源消费中的占比一直在 60%～80% 波动，近些年有下降的趋势，但始终占能源消费结构的 50% 以上。石油在我国能源消费结构中的占比较为稳定，保持在 20% 左右。天然气与清洁能源的占比最小但有逐渐上升的趋势，到 2018 年达到 15% 左右。总的来看，我国能源消费结构在不断优化，但仍以煤炭为主，天然气以及核能、水电、风电及太阳能等清洁能源占比偏低。

世界能源消费结构中石油占比最大，查阅相关文献，《2019—2024 年中国可再生能源产业市场前瞻与投资战略规划分析报告》2017年石油、天然气、煤炭消费占比分别为34％、23％、28％。清洁能源发展迅速，从1977的7％提高到15％，这说明促进技术进步有效开发和利用清洁能源，优化能源消费结构已是大势所趋。

我国能源消费结构由以煤炭为主的单一结构正在向以煤炭、石油、天然气、清洁能源等多元化能源消费结构转化，说明了我国能源消费结构在不断优化，也体现了我国经济发展方式从粗放型向集约型方向的转变。

2.区域能源消费现状

我国地域辽阔，区域经济发展水平不平衡，产业结构及区域发展定位不同，能源利用情况也有差异明显。技术进步对能源效率及经济刺激的影响程度不同，为了方便研究我国能源使用效率及能源回弹的区域特点，在此按照传统地理区域的划分方式，将我国30个省市（除西藏）划分为东中西部三大区域分析能源回弹效应的区域差异。

对比分析东中西部能源利用效率，发现东部能源强度最低，其次是中部，能源强度最高是西部地区。且东部地区能源利用率远高于全国水平，西部地区低于全国水平。这说明，我国能源使用效率区域差异较大。东部地区属经济发达地区，区位优势突出，资源配置规模大及流动性强，现代化水平程度高，技术进步促进能源有效利用程度较高，单位产值所需能耗较小。

《中国绿色经济发展报告2018》中指出，东部沿海地区绿色发展优势明显，浙江、广东和江苏东部城市绿色发展综合得分名列前三，且绿色发展综合得分呈东南向西向北递减的态势。这也是东部地区能源强度最低的重要表现。

此外，东部地区多以服务业带动区域经济发展，产业结构调整作用明显，能源强度远高于全国水平。西部地区相比与东中部地区来说，新型产业规模较小，科技创新能力不足，技术进步促进能源有效利用的程度较低。

区域发展水平的差异导致东中西部能耗存在差异。东部地区能源消耗强度最低，但能源消耗总量最大。一般来说，提高能源效率能有效减少能源消费，达到节约能源消耗的目的。但东部地区随着能源效率的逐年下降，能源消耗总量不降反而逐年攀升。东中西部地区存在能源回弹的现象，能源效率提高对经济增长的影响幅度是导致东中西部地区能源回弹差异的主要因素。

能源使用效率提高降低单位产值能耗，在同等产出情况下能源消费量减少，节约部分能源。能源效率提高伴随广义技术进步引起经济规模扩大，对能源产生新的需求。能源回弹效应围绕新增能源消耗与潜在能源节约量之间的关系进行分析，即经济增长幅度与能源强度降低程度的比较。在此基于技术进步探讨能源回弹效应，当技术进步并无对经济增长产生促进作用，显然不会因经济规模扩大产生新的能源需求。当能源使用效率相对于基年降低导致单位产出增加，也并无能源节约量可言。此时得出的回弹效应值并不符合能源回弹定义。

高能源消耗不一定意味着高回弹。在能源使用效率与能源消耗总量双高的情况下，经济增长幅度对能源消耗有较大影响作用。能源回弹是受高能效促进能源节约程度和经济增长引发能源需求增长幅度的双重影响。高能耗可能引发高新增，但同时要考虑能效产生的节能效果。

3. 行业能源消费结构现状

不同行业对能源需求存在差异，高耗能行业规模影响整体能源消耗总量。根据中国统计年鉴对行业部门的分类标准，粗略将我国国民经济中的行业分为：农林牧渔业、工业、建筑业、交通运输仓储和邮政业、批发零售住宿餐饮业、生活消费及其他行业。通过 2018 年我国能源消费行业结构，分析不同行业能耗现状。

根据国家统计局公布数据，得出 2018 年中国能源消费行业结构图。从能源消费行业结构来看，2018 年工业能源消费占比最高达到 67%，其次是生活消费为 12% 和交通运输仓储与邮政业为 9%，其余行业占比都在 5% 及其以下。根据国家统计局发布《国民经济行业分类》中六大高耗能部门都属于工业中的制造业。在 2018 年工业分行业能源终端消费总量中，六大高耗能部门占比 43%，由此可见，高耗能部门消耗了全国能源消费总量的一半以上。

居民生活用能总量主要表现在生活用电、私家车出行以及家庭炊事燃料等方面。生活用能量较大，在能源消费行业中占比仅次于工业部门。交通运输仓储与邮政占比排名第三主要是与运输方式与运输工具有密切关系。我国主要交通运输方式是以陆路运输和海路运输为主，汽车、火车及船舶会消耗大量的汽油柴油、电力或其他能源。但随着科技发展，交通运输方式的转变，交通运输部门对能源的消耗也会较少。

各部门能源消耗占能源消耗总量的比重差异较大，技术进步对各部门能源效率有不同程度的影响作用，在能源价格不变情况下，能源节约量与新增能源消耗量存在异质性，影响各部门能源回弹效应程度。

二、中国能源消费存在的问题

（一）能源利用效率低

我国技术进步在一定程度上降低了能源消耗强度，能源使用效率逐年走低。但如果按照百万美元的能耗标准与世界比较的话，还是比世界平均水平高3倍，比日本高9倍，比OECD国家高4倍[11]。一国经济发展状况、能源资源条件、技术进步及产业结构都是影响能源使用效率的因素。

其中，技术进步和产业结构是最主要因素。我国高污染高耗能产业仍在产业结构中占比较高，发展较快。单位产品能耗然比国际水平高25%～60%，产业结构调整需要一个过程。重视提高能效的关键技术、核心技术的改进，加快耗能设备的更新升级，加快能源发展的科学化转型。

（二）能源资源总量不足

我国能源资源总量占世界总能源资源的10%左右，由于人口基数大人均能源占有量却远低于世界平均水平。我国作为世界煤炭消费总量第一大国，经济发展主要依赖物质资本及能源等要素投入，随着经济发展经济规模扩大对能源的需求仍逐年增加。根据《中国能源发展报告（2018）》，2018年全年能源消费总量46.4亿吨标煤，同比增3.3%，增速创5年来新高[12]。

此外，当前能源供需矛盾逐渐显现，假如大量增加使用量，资源肯定不足。目前，我国已探明的煤炭、石油储量，按现有规模以及开采速度，煤炭只能维持30年，石油只够开采不足15年，天然气剩余储量只够开采不足30年。合理利用现有能源资源，提高能源使用效率，且加快新能源的开发利用。

（三）能源消费结构不合理

我国是世界上煤炭消费总量第一大国，煤炭仍在我国能源消费结构中占比超过50%，是我国主要消耗能源，天然气等清洁能源占比较低。与世界能源消费结构中石油、天然气、煤炭消费占比均衡的情况相比，中国能源消费结构仍待优化。

根据《中国能源发展报告（2018）》，2018年天煤炭消费量增长1.0%，原油消费量增长6.5%，天然气消费量增长17.7%，电力消费量增长8.5%。天然气、水电、核电、风电等清洁能源消费量占能源消费总量的22.1%，同比

[11]　张英，王杰．资源环境强约束下工业发展路径选择［J］．山东财政学院学报，2009（02）：49-52.
[12]　薛广路，王兴．我国能源消费问题的研究［J］．科技创新导报，2011（33）：1.

提高了 1.3 个百分点。这说明我国能源消费正以煤炭为主的单一结构向煤炭、天然气、石油、清洁能源等多元化消费结构转变。这也与我国近些年重视优化能源消费结构，提高清洁能源的开发与利用水平，出台降低碳排放的政策条例密切相关。

（四）能源消费引起的环境污染严重

能源的过度消费引起的严重的环境污染已成为全球重点关注的问题。中国能源消耗总量位居世界前列，尤其是煤炭为我国的主要消费能源，造成了严重的煤烟型环境污染。煤炭等化石燃料的燃烧，排放二氧化硫、烟尘等污染物造成严重的大气污染，将近 2/3 城市的空气质量达不到二级标准，影响人体呼吸危害健康。

排放大量的二氧化碳，加剧"温室效应"我国二氧化碳排放量等。能源消费造成的环境污染影响经济可持续发展，尽快遏制生态环境恶化状况，改善环境质量已成为可持续发展亟待解决的问题。

三、能源与环境协调发展对策

（一）节约循环高效利用资源

首先，发展中国家在资源利用方面应坚持节约优先方针，推动资源利用方式根本改变，全面提高资源利用效率。节约集约利用水、土地、矿产等资源，加强全过程管理，大幅降低资源消耗强度。

其次，结合各国发展的实际情况和自身特点，围绕工业、建筑、交通、农业、商业流通、公共机构等重点领域，发挥节能与减排的协同促进作用，全面推动重点领域节能减排，淘汰落后产能，采取一系列手段倒逼企业进行技术升级改造。中国已经开始开展重点用能单位节能低碳行动，以化工、电力、冶金、建材、造纸、化纤、农产品加工等行业为重点，加大了企业节能技术改造力度，重点实施锅炉窑炉改造、电机系统节能、能量系统优化、余热余压利用、节约和替代石油等节能改造工程。同时积极深入开展节约型公共机构示范单位创建工作。加强节水、节电、节油、节材等工作，推进绿色办公和绿色采购，构建绿色消费模式。公共机构新建建筑实行更加严格的建筑节能标准。

（二）加快能源结构调整

发展中国家在经历了金融危机后，纷纷采取适合本国的调整能源结构、调整能源价格、加快国内能源勘探和开发等降低对石油依赖程度的措施，能源结构的调整使各国成功应对石油危机对国内经济社会发展的冲击，同时能源结构调整还有效降低了污染物的排放，提高同时期能源环境效益。各国未来经济社会快速发展过程中应继续加大能源结构调整力度，降低煤炭消费比例，提高天然气、可再生能源等的使用比例，加大可替代能源和清洁能源的使用力度，并且大力发展新型能源，从而降低能源消费量和二氧化碳排放量，以维持国家经济社会和能源环境协调发展，从根本上降低污染物排放，降低能源利用对环境的损害，保障能源环境安全。

第三节　资源与环境

一、资源与环境的内涵

资源的界定一般有广义和狭义之分。狭义上讲的资源仅指自然资源；而广义上讲的资源不仅包含自然资源，还有社会资源、人力资源、经济资源等各种资源。在此所讲的资源仅指狭义上的资源。

在自然界中的全部自然要素并且能被人类开发利用的即为自然资源。依照资源的稳定性和蕴藏量、生成条件和机理，自然资源分为有限性和无限性。依照再循环和更新性等方面的差异，有限自然资源又分为两种类型：可再生性资源与不可再生性资源。可再生性资源包括：草原、森林、野生动植物、农作物、区域水资源、土壤等，其特点是可以通过生物生长或自然循环，持续进行自我更新。而不可再生资源包括：一些能源矿物诸如煤、石油、天然气等，以及许多金属和非金属矿物等，这些资源的特点是无法进行自我更新或再生长，然而通过再回收某些金属或非金属能够实现再循环。

依照资源储备状况，资源可分为资源禀赋、现有资源储备以及潜在资源储备三种情况。对于潜在资源储备来说，其价值与为获得资源而支付的价格有关，愿意支付的价格越高，表明拥有越大的潜在储备量。对于现有资源储备来说，是指已探明的可以获取利润的资源，其价值与目前的开采价格有关。对于资源禀赋来说，它指的是存在于地壳本身的自然资源，其数量多少和资源价格没有任何关系，仅表示地理学上的概念，不表示经济学上的概念，但是他直接决定了人类可获得的最大数量的自然资源。

环境指的是人类发展和生存所必需的空间，由被改造加工过的或者是天然的自然因素总和构成。

二、资源利用与环境保护

（一）土地资源利用与环境保护

1. 土地资源开发利用存在的问题

（1）土地浪费严重

尽管有了土地管理法，但由于执法力量不足，特别是一些地方从局部眼前利益出发开发利用土地，致使滥占滥用土地现象严重。许多基建项目用地不报请批准或先用后报，宽打宽用，少征多用，早征晚用，多征少用，甚至征而不用，可以用劣地、空地、荒地的占用良田现象普遍。1998 年，中央电视台曾曝光三起严重违法滥占土地事件，并揭露了一些地区为了赶在国务院冻结建设用地无序扩张的规定之前抢征、虚征甚至弄虚作假，许多良田被占用。

（2）土地污染与破坏未得到有效控制

不合理的化肥和农药施用也会造成土壤污染，由于利用率低，大部分化肥、农药散失在土壤、水体和大气中，直接和间接地污染土壤，进而使动、植物和各种农产品中有毒物大量积累，危害人、畜健康，影响农产品进出口。近年来我国频繁发生水果、粮食、肉食出口因有害物质超标退货现象，造成了严重的损失。开采矿产不及时复垦，尾矿不合理堆积，也会破坏大量的土地，地下矿藏如煤炭，地下水等开采，会引起地面下沉或塌陷，此类现象屡见不鲜。

2. 土地资源利用与环境保护对策

①加强对土地承载能力的研究，大力发展宣传土地生态教育，使各地区在土地可承载的范围内指定人口政策，实行计划生育，实行计划生育可以缓解土地资源与人口增长的矛盾。因此严格控制我国人口增长是解决土地资源的基本国策。同时要全面提高全民的国土意识以及综合文化素质，让每个人都有合理利用土地资源、保护土地资源的意识。

②大力加强土地管理，保护好每一寸土地，严格控制非农业用地。要时刻按照《土地法》执法，严禁土地资源滥用，充分做好土地承载能力的研究，为土地的可持续发展做长远规划。同时还要建立健全土地使用管理制度，全面推进国土资源管理部门执法力，加速国土资源管理部门职能转换，为土地合理利用提供更好更完善的程序保障。

（二）水资源利用与环境保护

1. 水资源的特点

（1）水资源时空分布不均

我国水资源的时空分布很不均匀，与耕地、人口的地区分布也不相适应。我国南方地区耕地面积只占全国 35.9%，人口数占全国的 54.7%，但水资源总量占全国总量的 81%；而北方四区水资源总量只占全国总量的 14.4%，耕地面积却占全国的 58.3%。由于季风气候的强烈影响，我国降水和径流的年内分配很不均匀，年际变化大，少水年和多水年持续出现，旱涝灾害频繁，平均约每三年发生一次较严重的水旱灾害。

（2）我国水资源开发利用各地很不平衡

在南方多水地区，水的利用率较低，如长江只有 16%，珠江 15%，浙闽地区河流不到 4%，西南地区河流不到 1%。但在北方少水地区，地表水开发利用程度比较高，如海河流域利用率达到 67%，辽河流域达到 68%，淮河达到 73%，黄河为 39%，内陆河的开发利用达 32%。地下水的开发利用也是北方高于南方，目前海河平原浅层地下水利用率达 83%，黄河流域为 49%。

2. 水资源利用与环境保护对策

（1）合理利用地下水

地下水是极其重要的水资源之一，其储量仅次于极地冰川，比河水、湖水和大气水分的总和还多。但由于其补给速度慢，过量开采将引起许多问题。在开发利用地下水资源时，应采取以下保护措施。

①加强地下水源勘察工作，掌握水文地质资料，全面规划，合理布局，统一考虑地表水和地下水的综合利用，避免过量开采和滥用水源。

②采取人工补给的方法，但必须注意防止地下水的污染。

③建立监测网，随时了解地下水的动态和水质变化情况，以便及时采取防治措施。

（2）加强水资源管理

为加强水资源管理，制定合理利用水资源和防止污染的法规，改革用水经济政策。如提高水价、堵塞渗漏、加强保护等。提高民众的节水意识，减少用水浪费严重和效率低的状况。

（三）矿产资源利用与环境保护

随着人类社会不断向前发展，世界矿产资源消耗急剧增加，其中消耗最大的是能源矿物和金属矿物。由于矿产资源是不可更新的自然资源，其大量消耗必然会使人类面临资源逐渐减少以致枯竭的威胁，同时也带来一系列的环境污染问题，因此必须加倍珍惜、合理配置及高效益地开发利用矿产资源。

矿产资源是经济社会发展的重要物质基础。开发利用矿产资源是现代化建设的必然要求。我国对加快建设资源节约型社会、加强重要矿产资源地质勘查、实行合理开采和综合利用、建立健全资源开发有偿使用制度和补偿机制，提出了明确要求。国务院先后出台了一系列文件，从地质勘查、矿产开发、资源节约、循环经济、环境保护、土地管理、安全生产、境外资源开发利用以及煤炭工业发展等方面，对矿产资源开发利用工作做了全面部署。

第四节　全球环境变化

一、全球环境变化的现状

（一）气候变化状况

近些年来，气候变化成了许多人研究的焦点。根据全球气候状况声明报告：气候变化主要体现在温度、降水、海洋温度、厄尔尼诺现象、冰冻圈以及温室气体六大方面。

1. 温度

在 2015 年，长期上升的全球气温主要由人类排放的温室气体造成与正在进行中的厄尔尼诺现象的影响相结合，导致了创纪录的全球高温。2015 年全球平均近地表气温创下有史以来最高值，与世界平均气温有明显的差异。2015 年，全球平均温度比 1961—1990 年平均水平高（0.76±0.09）℃，比 1850—1900 年时期高约 1 ℃ [13]。

2. 降水

典型年份降水的分布在区域和局地尺度呈现高差异性，极端降雨在一些情况下造成洪水和干旱，影响了世界上许多区域，以下关于区域极端事件的内容更详细地说明了极端降雨和相关的影响。经历了异常强降雨的区域包括：美国、墨西哥、秘鲁、智利北部、玻利维亚大部、巴拉圭、巴西南部和阿根廷北部、

[13] 姜明. 新时代背景下碳泄漏的法律规制：理论逻辑与实现路径 [M]. 北京：中国法制出版社，2019.

欧洲北部和东南部、中亚部分地区、中国东南部、巴基斯坦一些地区、阿富汗。另一方面，干旱的地区包括中美洲和加勒比地区、南美洲东北部、包括巴西、欧洲中部和南部的部分地区、东南亚部分地区、印尼和非洲南部。

3. 海洋

海洋上的大片区域都经历了显著的变暖。正如所预计的，厄尔尼诺期间热带太平洋比平均水平更加温暖，赤道太平洋中部和东部温度比平均水平高 1 ℃。

太平洋中北部、印度洋大部、大西洋北部和南部的许多地区都有明显的高温。格陵兰南部和大西洋西南部偏远地区显著低于平均温度。南大洋（大致 60°S 以南）的其他区域的温度低于平均水平。

4. 厄尔尼诺

热带太平洋表层水温度的变化与大气反馈相结合，造成了厄尔尼诺-南方涛动（ENSO）两个不同的阶段：厄尔尼诺和拉尼娜现象。在厄尔尼诺期间，东部热带太平洋的海面温度高于平均水平。这会导致盛行信风减弱或逆转，其作用会加强表面变暖。ENSO 是年度全球气候变化主导模态。厄尔尼诺现象会影响全球大气环流，改变世界各地的天气形态，并暂时升高全球气温。

5. 冰冻圈

在北半球，北极海冰范围的季节性周期高峰通常在 3 月出现，最低值通常在 9 月出现。20 世纪 70 年代末开始有连续的卫星记录后，季节周期内的海冰范围总体是下降的。2015 年的日最大范围为发生在 2 月 25 日，为 1454 万平方公里，是有记录以来最低的，比 1981 年至 2010 年平均值低 110 万平方公里，比 2011 年出现的上一次最低值低 13 万平方公里。9 月 11 日出现了最低的海冰范围，为 441 万平方公里，这是卫星记录中第四低的值。12 月 30 日，异常温暖的空气北移到极地地区。因此北极附近的一个浮标气象站 12 月 30 日记录到了短暂出现的冰点以上的温度 0.7 ℃。

6. 温室气体

世界气象组织（WMO）全球大气监测网（GAW）对观测资料作的最新分析表明，二氧化碳（CO_2）、甲烷（CH_4）和一氧化二氮（N_2O）的全球平均摩尔分数在 2014 年创下新高。2014 年全球平均 CO_2 摩尔分数达到（397.7±0.1）ppm，为工业化前水平的 143%。2013—2014 年的年均增长为 1.9ppm，接近过去 10 年的平均年均增长，比 20 世纪 90 年代的平均增长率（−1.5ppm/ 年）更高。NOAA 的初步资料显示 2015 年 CO_2 持续以 3.01ppm/ 年的创纪录速度增长。2003

年至 2013 年的大气二氧化碳增长相当于人类排放二氧化碳的约 45%，其余部分被海洋和陆地生物圈移除。

（二）水资源变化状况

当今世界面临着人口、资源与环境三大问题，其中水资源是各种资源中不可替代的一种重要资源，水资源问题已成为举世瞩目的重要问题之一。地球表面约有 70% 以上面积为水所覆盖，其余约占地球表面 30% 的陆地也有水存在 [14]。世界上的总供水量为大约 13.8 亿立方千米，然而超过 96% 是盐水。在全部淡水中，超过 68% 的淡水被锁定在冰和冰川中。剩余 27.47% 淡水以地下水的形式存在，人类可以直接开发利用的仅占 2%。只有 2.53% 的水是供人类利用的淡水。

由于开发困难或技术经济的限制，到目前为止，海水、深层地下水、冰雪固态淡水等难被直接利用。比较容易开发利用的、与人类生活生产关系最为密切的湖泊、河流和浅层地下淡水资源，只占淡水总储量的 0.34%，还不到全球水总量的万分之一 [15]。然而，江河湖泊仍然是每天人们用水的最主要来源，但随着经济的发展和人口的增加，世界用水量也在逐年增加，这便造成了世界性的水资源短缺问题。

目前，全球人均供水量比 1970 年减少了 1/3，这是因为在这期间地球上又增加了 18 亿人口。世界银行 1995 年的调查报告指出：占世界人口 40% 的 80 个国家正面临着水危机，发展中国家约有 10 亿人喝不到清洁的水，17 亿人没有良好的卫生设施，每年约有 2500 万人死于饮用不清洁的水。

目前，全世界有 1/6 的人口、10 多亿人缺水。联合国预计，到 2025 年，世界缺水人口将超过 25 亿，这意味着世界 1/3 多的人口会生活在缺水的地区，水危机已经严重制约了人类的可持续发展。

水资源地区分布极不平衡。世界水资源分布不合理，按地区分布，巴西、俄罗斯、加拿大、中国、美国、印度尼西亚、印度、哥伦比亚和刚果 9 个国家的淡水资源占了世界淡水资源的 60%；约占世界人口总数 40% 的 80 个国家和地区严重缺水。我国的水资源南北分布也不平衡，占全国面积 1/3 的长江以南地区拥有全国 4/5 的水量，而面积广大的北方地区只拥有不足 1/5 的水量，其中西北内陆的水资源量仅占全国的 4.6%。再次，水污染加剧了水资源的缺乏。世界性的淡水污染已成为一项重大公害。目前，世界上已有 40% 的河流发生不

[14] 魏晓笛. 生态危机与对策：人与自然的永久话题 [M]. 济南：济南出版社，2003.

[15] 王殿武. 现代水文水资源研究 [M]. 北京：中国水利水电出版社，2008.

同程度的污染，且有上升的趋势。

（三）核污染现状

在过去的半个世纪，人类遭受到高水平核辐射的危险急剧增加，近些年来，许多使用过与未曾使用的以及一些具有很大潜在风险的放射性物质源日益涌现。1993—2000年世界范围内发生了175起核材料的非法交易，并且，人类在日常生活中对放射性材料的需求也逐渐增加，均说明现有的与潜在的核污染将与日俱增。

不论是面对核武器或是核电站泄漏事故，地球生态系统的自我修复能力已经被大大削弱。核武器实验、反应堆事故以及核废料处置已经为整个世界留下了诸多问题。在以上这些问题中，核辐射作为最主要的问题，会在许多方面影响整个地球的环境。美国国家辐射防护和测量委员会对世界核污染的来源以及辐射源的占比进行统计，使世界了解到核辐射问题的严重性。

世界上有许多不同类型的辐射，其中大部分核辐射暴露在人类日常生活之中。电离辐射的影响取决于如下几个因素：辐射水平、暴露时间、辐射类型。低辐射可能没有任何瞬时效应，然而，暴露在低剂量的辐射会增加人类患白血病和癌症的可能性。

虽然直接辐射事件如核爆炸与核反应堆熔毁影响范围相对有限，但具有污染性的放射性粒子能够在空中旅行几千英里在海里途径几个大洲引起健康风险。诸如切尔诺贝利与福岛核反应堆的毁灭性的事故及其所附带的污染影响发生就将会持续数十年，并随着时间的推移逐渐扩大其影响范围。

二、全球环境变化带来的安全威胁

（一）气候安全威胁

人类活动对全球环境所造成的影响愈发严重，其中最明显的一点便是全球气候系统的不断暖化。在此过程中，人类活动的方方面面均受此影响。从长远的角度来讲，世界范围的气候变化已经不仅仅局限于环境问题。作为环境安全中的一个概念，气候安全在安全主体和指代上，与环境安全具有一致性。然而气候安全与环境安全的价值不同，源于二者受到的威胁来源不同。从国家层面来说，气候安全是一个国家安全问题；而从社会层面来说，气候安全是一个人类可持续发展问题。综合来说，气候变化即是国内政治问题，又是国际政治问题，因此必须在世界范围内给予关注。

　　按照联合国的标准，气候变化所产生的安全威胁被更为通俗地描述为威胁，旨在与政治产生更多的关联性。气候安全种威胁涉及战争与和平、冲突、移民、经济繁荣与发展等方面，甚至关乎国家的安全与存废，继而影响着整个人类。此外，联合国的报告中，也通常会更进一步，利用较为极端的表达，将气候安全威胁与人类文明灭绝相联系，以凸显气候安全威胁对世界所造成的重要影响。

　　按照国际知名的政府间机构IPCC（Intergovernmental Panel on Climate Change）所出具的气候变化报告，气候威胁按照安全价值的角度来划分，基本分为：资源、生态系统、国家经济、社会、军事政治五方面威胁。这五方面的威胁共同作用，将改变世界物种种类及数量；造成洪水、干旱、飓风等极恶劣天气；导致国家粮食作物减产，居民患心脏病人数增加；海平面上升等一系列严重后果，进而威胁到国家安全与可持续发展。

　　综上所述，气候安全代表着全世界所共同享有气的一个稳定的、宜居的气候系统，在此系统中，人类得以免于受到各类威胁。而气候安全威胁的影响是广泛的，但目前还主要是潜在的，其影响程度将随时间的推移而与日俱增，需要在国家安全的框架下加以统筹考虑，并须以国际合作的方式加以妥善维护。

（二）水资源安全威胁

　　关于气候变化所带来对水资源安全的威胁，已经成为国际上的重要研究方向。因为水资源问题与气候问题的所具有的相关性，同样影响着国家安全以及国际政治形势。气候变化将直接引发水资源危机，其主要表现为水环境遭到破坏与极端气候频发，继而造成国家内甚至国际间对水资源的加速争夺以及粮食危机，最终造成水环境移民在内的一系列政治、军事、文化冲突。

　　水资源安全是水安全的重要方面。它既通过国家水安全网（the Web of National Water Security）这一更广的概念性表述与人的安全、气候安全、能源安全、粮食安全等相关联而与总体国家安全形成交集，也通过跨界河流这一更直接的共享水冲突源相关联而与国际区域安全形成交集。展开来说水资源安全实质是水资源供给能否满足合理的水资源需求其范畴包括水质安全、水量安全和水生态环境安全。

　　造成国际间水资源安全威胁的主要原因有：国际水资源分布的不均衡性；经济发展与人口增长所产生对水资源的依赖性；国与国之间水资源所有权争端的历史性问题。因为地理因素所造成各个国家与地区间水资源拥有量差异较大，此外，国与国之间水资源利用与开发效率也不尽相同，这将导致水资源丰富的国家忽视国际间水资源合作，甚至与水资源匮乏国家产生摩擦及冲突。随着全世界人口从 1940 年的 23 亿猛增至 1990 年的 53 亿，人均耗水量也翻了一番，从年人均 400 立方米增加到 800 立方米。

此外，随着世界更多国家的工业化进程，而此过程中所造成对水资源的污染也会更加严重，而地球的可使用淡水资源却是有限的，可以预见，人类对水资源的争夺将会愈发激烈，也为冲突与不安全局势的产生造成了可能。历史问题往往是导致国际水资源争端和冲突的原因，其主要产生的原因是由于国家边界划分所引发对国际水域划分的争议。在第二次世界大战后的民族独立浪潮中，一些前殖民国家为了维护自己的剩余利益，在退出殖民地之前，有意在边界划分问题上进行偏袒，由此而遗留下许多历史问题。其中所具有代表性的便是尼罗河问题以及苏伊士运河问题。此外，再加上国家间意识形态以及文化的差异，也为冲突的解决造成了客观困难。

综上所述，刨除国家自身淡水资源不足的原因以外，随着世界经济的快速发展，世界范围内本就因历史问题、领土问题而存在的水资源安全威胁日益凸显。因此，解决水资源安全威胁的关键在于国家、地区之间的充分合作，对领土争议问题提出一致性的解决方案，然而由于领土问题又受到其他政治、经济因素的影响，国家之间达成合作的共识往往花费数以十年计的时间，这也恰恰是问题解决的难点所在。

（三）核安全威胁

自 1945 年美国将第一颗原子弹投入日本广岛以来，全世界意识到核战争将会是人类文明所面临的最大的威胁，其所带来的战争阴霾与核辐射危害始终笼罩着日本人民。美国研制出核武器仅四年，苏联为了冷战也开展了核武器的研究。到 20 世纪 60 年代中期，核弹总存量已达到 7 万枚。这意味着如果将这 7 万枚核弹悉数引爆，核存量最多的两个国家美国与苏联将会被核弹摧毁十几次，并且其带来的核污染将蔓延整个北半球。除此之外，被核污染所笼罩的土地将颗粒无收，此结果将会成为导致人类灭亡第二个主要原因。

因此，对核安全威胁的深刻认识将关乎各国乃至人类的存亡与发展。尤其面对冷战后的国际局势，各国安全形势的错综复杂，更使维护国家与国际安全的使命愈为艰难。

"核安全"是指客观上免于遭受核威胁、主观上消除核恐惧的状态以及为实现这一目的而采取的措施。而其中所需要区分的两个概念是：核安全威胁与核安全应用。前者指核军控与裁军、防核扩散、防范核恐怖主义、和平利用核能、防止核意外等。除此之外，前者的关系是建立在国际边界安全的概念之上，而后者指核工业、民用核能领域的核安全概念，强调对工业生产、核设施、核材料的安全应用《核安全公约》。

由于核安全是建立在国际安全研究的基础上，因此核安全威胁的研究与国际安全议题发展拥有密切的联系。目前，国际安全研究的特点主要有三：其一为议题导向的研究渐成热点；其二中层理论与微观理论成为理论创新的生长点；其三研究方法倾向于采用定性与定量方法。其中，与核安全威胁的议题逐渐成为国际安全研究的核心，其主要研究从微观理论与宏观理论出发，并积极应用于外交。其中，威胁理论最为有效且发展最为迅速。

当下，世界从军事、政治、社会三个方面受到核威胁的影响。军事领域的核威胁来源于多种因素的综合作用和国家间的军事互动；政治领域核威胁的基础在于军事领域核威胁的效用，军事威胁是国家间政治斗争的重要手段，在核安全领域也不例外；社会领域的核威胁主要是极端主义、分离主义、恐怖主义势力与核武器结合的危险，即核恐怖主义的威胁。由于核武器的威慑力与破坏力远超常规武器，冷战时期，有核国家为确保其国土安全，"相互确保毁灭""二次核打击能力"在多轮军备竞赛中被先后提出继而被强化。随着冷战的结束，国家间敌对关系的变化并未随着冷战的结束而结束，其核力量也并未随多轮核裁军的进行而被削弱。

可以说，基于国家军事力量上的核威胁是世界从冷战起便面对最主要的核威胁。在新的世界格局之下，恐怖主义以及宗教极端主义势力对世界和平的威胁日益严峻。核恐怖主义的产生与社会领域的安全互动密切相关，其极端的、反人类的恐怖手段使得国际社会有理由相信未来非理性核恐怖主义将会对国际局势稳定产生严重危害。全球范围内核武器、核原料、核设施防卫以及保护的漏洞也为核恐怖主义的产生提供了可乘之机。

此外，和平利用核能增加了环境领域核安全风险。民用核电设施由于其低能耗、低污染的优点被广泛采用，然而诸如苏联切尔诺贝利，日本福岛核电站的事故向人类表明：一旦核能由于自然或者人为的原因不能被妥善保护甚至造成核泄漏、核爆炸，其势必将威胁到整个人类文明的安危。

核安全威胁是来源于军事、政治、社会等多方面威胁的共同体，既表现了各领域核安全威胁的内在联系，也表明国际核安全是国际安全的重要组成部分，与其他国际安全议题也有着紧密的关联，值得世界范围内的关注。

（四）其他环境安全威胁

从 20 世纪 60 年代起，有越来越多的国家表现出耕地减少趋势，而人均耕地面积减少的国家个数高达 90％以上。耕地短缺普遍由城市化，工业化所造成。国家为避免耕地短缺所引发的粮食危机，将可能采取破坏森林等方法。然而，随之而来的森林危机及其所引发一连串诸如温室气体激增，冰盖融化，臭氧层空洞扩大等问题将会产生全球范围内的气温升高，海平面升高，辐射量升高等问题，对世界各国的社会稳定产生显著威胁，同时又增加产生军事、政治冲突的可能。

由此可见，环境安全威胁是一个具有综合性的威胁，牵一发而动全身。妥善解决环境安全威胁问题，不可片面尝试改进单一因素，而应全盘统筹，从世界可持续发展的角度，共同改善环境，降低环境安全威胁。

三、全球环境变化造成的安全困境

在此主要就全球环境变化以及全球环境治理的困境进行解释，这里提出三种主要形式：环境博弈的囚徒困境、吉登斯困境、环境变化的"蝴蝶效应"困境。环境博弈的囚徒困境强调的是国家在解决全球性环境安全问题时的不合作姿态；吉登斯困境强调的是环境安全问题得到重视和解决具有滞后性；环境变化的"蝴蝶效应"困境强调的环境安全问题具有多发性、系统性、复杂性。

（一）环境博弈的囚徒困境

囚徒困境（prisoner's dilemma）是博弈论中的经典模型，是指两个被捕的囚徒之间的一种特殊博弈，说明为什么甚至在合作对双方都有利时，保持合作也是困难的。囚徒困境是博弈论的非零和博弈中具代表性的例子，反映个人最佳选择并非团体最佳选择。在重复的囚徒困境中，博弈被反复地进行。因而每个参与者都有机会去"惩罚"另一个参与者前一回合的不合作行为。这时，合作可能会作为均衡的结果出现。欺骗的动机这时可能被惩罚的威胁所克服，从而可能导向一个较好的、合作的结果[16]。

在环境治理中的博弈模型属于重复的囚徒困境模型，多国家在国际社会中多次的就不同的或相同的环境议题进行互动，按照重复博弈理论，环境治理博弈理应向对几方都有利的方向发展，接近帕累托最优。但是，在我们对气候治理的研究中，我们发现美国作为当今世界现代化程度最高、经济体量最大的国家在气候治理方面一直采取不合作的姿态，不仅与 2001 年单方面退出《京都议定书》，而且在历届联合国气候变化峰会上都对欧盟和中国等发展中国家希

[16]　司毅铭，等．黄河流域省界缓冲区水资源保护监督管理理论研究与实践 [M]．郑州：黄河水利出版社，2011．

望的建立有法律约束力的纲领性文件表示强烈反对。这一方面是由于其现实主义的国家观所致，另一方面也说明国际社会对于类似行为的"惩罚"能力有限。美国对气候治理的不合作态度导致全球气候合作进入困境，虽然 2016 年《巴黎协定》得以签署，但美国对于《协定》的根本态度并没有改变。

（二）吉登斯困境

吉登斯悖论由英国上议院议员安东尼·吉登斯（Anthony Giddens）提出，主要是指气候变化造成的一种困境。其核心假设是："气候变化问题尽管是一个结果非常严重的问题，但对于大多数公民来说，由于它们在日常生活中不可见、不直接，因此，在人们的日常生活计划中很少被纳入短期考虑的范围。悖论在于，一旦气候变化的后果变得严重、可见和具体……我们就不再有行动的余地了，因为一切都太晚了"[17]。

对于许多公民来说，气候变化是一个"后发"问题，而不是一个"当下"问题，多数公民认可全球变暖是一个严重的威胁，但只有少数愿意付出治理气候问题的相关成本，因此改变自己的生活。气候变化风险的间接性、不可见性是很多国家只关注眼前利益，忽略对未来的投资。短视和冷漠是吉登斯困境产生的根本原因。

（三）环境变化的"蝴蝶效应"困境

对"蝴蝶效应"最常见的阐述是："一只南美洲亚马孙河流域热带雨林中的蝴蝶，偶尔煽动几下翅膀，可以在两周以后引起美国得克萨斯州的一场龙卷风。"其原因就是蝴蝶煽动翅膀的运动，导致其身边的空气系统发生变化，并产生微弱的气流，而微弱的气流的产生又会引起四周空气或其他系统产生相应的变化，由此引起一个连锁反应，最终导致其他系统的极大变化。

"蝴蝶效应"最初意在指出结果对于初始值的依赖性，初始值很小的误差都会被无限扩大，导致结果的"混沌"。气象学家爱德华·洛伦茨最早提出"蝴蝶效应"时意在说明长期的天气预报的不准确性。

之所以称之为困境，是因为我们不可能对引起环境威胁所有初始值进行全部的认识，在我们集中控制某个特定问题时，其他问题的影响又会逐步扩大，就像全球著名的水利工程在解决水资源安全的同时，该工程带来的气候影响又会逐渐地扩大而来一样。就环境变化而言"蝴蝶效应"造成的安全困境体现在环境系统的复杂性难以把控，在前文中提到了三个主要导致的可持续安全环境

[17]　安东尼·吉登斯. 气候变化的政治：气候变化与人类发展 [M]. 北京：社会科学文献出版社，2009.

问题，但是，这些也只是管中窥豹、冰山一角。

　　环境问题的系统性、复杂性决定了根本解决环境问题的困难性。我们可以控制气候变化、水资源、核安全等的问题源头，避免未来发生的"蝴蝶效应"，但是如何管控人类尚未发觉的细微环境变化，如何避免这些变化所带来安全威胁的"蝴蝶效应"？解决这种困境的途径只有通过对可持续安全观念的引导，使可持续安全观念深入人心，在人类的日常生活中自觉地控制影响环境变化的微小变量，才能从根本得到解决。

四、全球环境治理的过程分析

（一）全球环境治理过程的内涵

　　相对于"全球治理的结构"，"全球治理的过程"在其基本概念内涵方面显得不那么有争议。比较一致的看法是，"过程（Process）描述的是'全球治理是如何实现的'，即作为动词的全球治理"。由于全球治理在结构上包括了国家和非国家治理主体，因而在过程——即治理如何达成——方面必然强调各类治理主体之间的互动。因而，对某一全球问题实现治理的过程，总是需要参与治理体系的诸多主要行为体进行充分、顺畅的互动；在运行良好的治理安排中，这种互动通常表现为顺畅的合作和合作性博弈。如此，在全球治理文献的语境中，过程是一个描述性的概念。其核心是诸治理主体是"怎么互动"，从而达成共同行动，针对某一问题形成治理的。在这个意义上，治理的过程总是表现为诸治理主体共同遵循的某种正式或非正式程序、规则、规范以及制度。归纳来看，全球治理理论中的"全球环境治理的过程"，是指参与某一特定环境问题治理的诸治理主体，在一定的治理安排框架内进行互动与合作，实现对该问题的有效治理的方式。

　　很多著名全球治理学者提出了自己关于"过程"的概念。如詹姆斯 N. 罗西瑙（James N. Rosenau）提出了"分合并存"的过程图景，且被广泛地引证。但其概念实际上是对全球化和全球治理背景下世界政治发展的描述。而奥兰·扬则认为治理的过程描述的是"机制形成和追寻效率"的方式；这一界定与奥兰·扬（Oran Young）将机制认定为治理的渊源有关。而过程概念，则严格地限定为"治理的过程"，即治理是如何实现的。现有文献中对这个意义上的"过程"的研究不算丰富。

　　全球治理的过程是在一定的结构中实现的，厘清全球治理结构与过程两个概念之间的关系，对于理解"过程"具有非常重要的意义。诸治理主体之间会采取何种方式进行互动，直接受制于其权威分配图景。

在国家依然是唯一重要的治理主体、结构方面依然保持了国家一家独大地位的治理安排中，诸治理主体的互动往往呈现自上而下的单向模式。如东北亚地区的环境治理中，国家的权威呈现一家独大的地位，而其他治理主体如科学机构、非政府组织缺乏独立的权威。在这种情况下，治理主体之间的互动关系往往表现为其他主体对国家的依附；呈现自上而下的过程。在类似的全球治理安排中，"发展出一种可行的全球问题的解决方案的努力，依然受制于关于权威性质的传统语境……对于非政府组织和公民社会的权威，依然是口头说说而已，它们实际上参与互动的动力和能力非常有限——国家依然被认定为最主要的行为体"。

反之，如果某个治理安排形成了多元化的权威分配结构，在过程层面则可能出现不同层次间多向互动的模式；国家与超国家层次和社会层次中的非国家治理主体通过合作互动的过程，实现对特定问题的治理。"有效的全球治理基于多元主体共同行使基本的治理功能。"不同治理主体在行使这些功能方面具有不同的优势，这便是权威的来源之一。而多元化的治理结构将会使得治理过程中的主体间互动更加充分；这将使得一个治理安排能够更加充分的体现各个治理主体的诉求。在全球环境治理理论层面，这是一种得到广泛认可的治理过程图景。"变革现有全球环境治理的最有效途径是实现多中心的治理原则。这需要对政府、非政府组织、私人部门、科学网络、国际制度等行为体进行治理分工；进而就需要它们发挥各自的比较优势，进行充分的互动合作。"全球环境治理对多元化治理主体的需要，决定了此种多层次、多元化的互动将会是理想全球环境治理过程的必要要素。

（二）全球环境治理过程的类型

由于治理的过程受到其结构的深刻限定，因而，对过程的分类往往是基于其体现的结构来进行的；换而言之，治理过程的分类总是体现出治理结构方面哪个治理主体居于主导地位。如詹姆斯 N. 罗西瑙（James N. Rosenau）以权力流向是单向（水平或竖直）还是多向（水平和竖直）以及治理规则是正式的、非正式的、混合的为标准，将治理划分成了六个类型。罗西瑙的这六个类型分别是自上而下型、自下而上型、市场型、网络型、并行型、默比乌斯网络型。从逻辑上看，这里所说的"权力流向"问题，实际上是在描述一种权威分配的方式；以此为基础，再依据治理规则的正式程度对治理进行了划分。罗西瑙的这种划分方式非常清楚的体现出了权威分配结构对于过程的影响。再如马蒂亚斯·科尼格一阿尔基布吉以治理安排的包容性、公共性和授权性为分析框架，区分了全球政府间主义、全球超国家主义、直接霸权、直接的全球跨国家主义、授权的全球跨国家主义、直接垄断、间接垄断七种治理安排类型。而其所论述的包容性、公共性、代表性实际上包括了参与治理的主体、主体间的"权重"分配等结构要素。治理结构对于治理过程类型的影响同样受到了充分的认可。

在逻辑上可以出现三种类型的全球环境治理过程：第一，国家权威独大，非国家治理主体从属于国家权威的情形，过程表现为单纯国家间机制的达成，本质上是国际环境治理；第二，非国家治理主体权威明显，积极推动治理进程，对国家形成鲜明的敦促、监督作用，过程表现为各类治理主体共同参与的跨国行为的达成，也体现为压力集团对国家的影响；第三，国家与非国家治理主体共享治理权威，过程表现为各类治理主体充分互动，达成包括国家间机制、跨国机制在内的多层、跨部门治理安排，形成了真正符合"全球治理"范式要求的"全球环境治理"。这三种全球环境治理过程类型又各有其特点。

1. 以国家间机制为主要载体的国际环境治理

以国家间机制为主要载体的国际环境治理，在治理过程上体现为国家间机制的达成和履行。这种治理过程通常是自上而下的，通过达成一定的国际环境条约并推动国家履约，进而实现国内环境立法和环境政策方面的进步。但国家间机制是国家主权的延伸，必然首先服从主权国家的利益，且任何主权国家有权对其进行保留甚至否决；因而国家间机制经常需要寻找各国共同利益的交集，从而限制了其作用的发挥。换而言之，国家一家独大的治理权威分配结构，在本质上依然是威斯特伐利亚体制的表现形式，无法超越新形式的全球性问题。

"从某种程度上说，多边主义是一种兼具代表性和责任性的全球治理类型。国家间机构具有代表性，因为其管理机构（尽管不平等地）代表了所有成员国政府。它们是负责任的，因为这些类似机构使得政府可以控制预算、权力和活动。然而，当今世界的多边主义面临两个问题。首先，能够通过国家间机构最佳地实现其利益……同样重要的是，大多数公众对他们在政府间机构中得到代表的说法并不买账……多边机构日渐被指责缺乏民主、不够内行或效率不高。由于这些原因，我们看到卷入全球环境治理的所有实体正转而求助与其他形式。"[18]

2. 超国家层次的各类治理主体共同参与的跨国行为

超国家层次的政府间国际组织和社会层次中的非政府组织、跨国企业、社

---

[18]　曹荣湘、龙虎. 治理全球化：权力、权威与全球治理 [M]. 北京：社会科学文献出版社，2004.

会精英（包括政治、经济和知识精英）可以构成压力集团，甚至结成一定的跨国机制（Transnational Regimes）、萌发出跨国公民社会，以此构成了以跨国行为为标志的治理过程。这种治理过程更多是自下而上的。跨国机制作为连接这些压力集团的纽带，本身便是一类重要的治理安排。而最显著的实例则是1992年联合国环境与发展大会召开期间，2000多个国际非政府组织对参会代表进行了大量游说，其中一些非政府组织被赋予代表身份直接参会。可以看到，非国家主体间的跨国机制和跨国行为可以构成治理达成的方式；但其真正落实必然依赖国家。单纯依靠非国家行为体结成跨国机制、跨国公民社会，对于全球问题的治理终究有乏力之感。

3. 国家与非国家的多层、跨部门治理主体共同治理

多层、跨部门治理安排是相对理想的一种治理过程。这种过程类型允许非国家主体充分参与，国家与之共享治理权威，诸治理主体之间也可以存在充分的互动；在这种过程中，权威的多元性得到凸显，并不存在一种至高的权威。此类治理过程凸显了"治理"概念的包容性，诸治理主体都被纳入其中，形成非常复杂的跨层次、跨部门治理网络。现实中，现有全球环境治理安排也已经初步显现出了多种治理主体在不同层次中的网络化互动。

上述三种全球环境治理过程类型的划分，是以不同全球环境治理结构为依据的。这种分析方式虽然体现出了结构方面的特征，但却缺乏动态性，无法很好地阐释全球环境治理究竟是如何实现的；也没有细致的分析全球环境治理的过程究竟存在哪些环节，以及这些环节之间的关系如何。但是，若要深入分析现有全球环境治理在过程方面存在的问题，则必须明确全球环境治理的过程包括哪些环节，进而深入分析各环节之间的互动过程中存在的问题和缺陷。这也是分析现有全球环境治理安排的过程缺陷所必须的研究路径。

第三章 现代环境保护的迫切性与现实状况

近年来，我国生态环境问题日益严峻，很多地区为了追求经济发展，在改造自然的过程中，对环境造成了极大的污染和破坏，人们生存的基本条件受到威胁，生态环境保护迫在眉睫。本章分为现代环境保护的迫切性、现代国外环境保护的现实状况、现代国内环境保护的现实状况三部分。主要内容包括：环境保护的原因、环境保护的重要性、环境保护的意义、俄罗斯生态环境保护机制、日本生态环境保护机制等方面。

第一节 现代环境保护的迫切性

一、环境保护的必要性

（一）植被已被破坏

森林是生态环境的重要支柱，但现在森林破坏却很严重，特别是用材林中可供采伐的成熟林和过熟林蓄积量已大幅度减少。同时，大量林地被侵占。所以积极保护植被刻不容缓[19]。

（二）土地严重退化

土地是我们人类生存的家园，但现在我国的耕地退化问题已经十分突出。如原来的北大荒地带土地是十分肥沃，但现在土壤的有机质已从原来的5%～8%下降到1%～2%，并且，现在由于农业生态系统失调，全国每年因灾害损毁的耕地约200万亩。所以我们行动起来保护土地。

---

[19] 马子越．浅析环境保护的重要性 [J]．科技展望，2016，26（05）：291．

（三）环境污染频发

20 世纪 50 年代发生了一连串重大的环境污染事件，这是大自然向人类第一次敲响警钟，这些污染事件致使人们开始看重环境问题。

"顺我者昌，逆我者亡"，这是人类之间的用语，现在换做成自然界对人类发出的警告，违背自然规律，不论是谁都不能幸免于难。西方国家最先尝到了环境污染的恶果，工业化进程推动国家经济的增长，但也破坏自然界平衡，在工业化的进程中它们获得了巨大的利益，但人们的生存环境却是越来越恶劣，引发出了大气污染、水体污染、土壤污染等问题。

（四）全球变暖加速

全球变暖的体现是海平面逐渐上升，研究证实，海平面一百年来已经上升了 10 ～ 20 厘米，这是非常可怕的，而且未来还会加速上升并淹没一些低洼的沿海地区，之前科学家一直在预测，当今已成为事实。这种现象形成的原因是汽车尾气的排放、煤炭和石油化工燃料的使用，森林的滥伐和火灾也是造成这种现象的原因之一。

（五）生物多样性资源减少

地球上的生物多种多样，因此也就组成了生物的多样性，地球上的所有生物以多样化的形式存在，地球已经存在了几十亿年，在这几十亿年中生物一直在进化和变异，它们的存在构成了多姿多彩的地球，它们被赋予特殊的生命意义，它们是人类社会生存的基础，保护生物多样性就是在保护人类自己。

二、环境保护的重要性

（一）对国家而言

保护环境是保证经济长期稳定增长和实现可持续发展的基本国家利益。保护环境能够促进和优化经济增长环境与经济的关系紧密相连。良好的生态环境是经济增长的基础和条件。环境问题解决得好坏关系到中国的国家安全、国际形象、广大人民群众的根本利益，以及全面小康社会的实现。所以保护好环境，能优化经济增长，促进发展。

（二）对社会而言

保护环境是为社会经济发展提供良好的资源环境基础，消除那些为了经济破坏环境并危及人类生活和生存的不利因素，良好的生态环境质量已经可以成为城市综合竞争力的重要因素，可以增强城市吸引力和凝聚力，促进地方经济社会实现更好更快发展。保护了环境才能在社会经济发展的同时更能保证环境的安全，经济才能更长远的发展。

（三）对生物而言

保护环境能维护生物多样性，转基因的合理使用与谨慎使用，对濒临灭绝生物的进行特殊保护，实现灭绝物种的恢复，栖息地的扩大、人类与生物的和谐共处的美好现象。

（四）对人类而言

环境保护关系到群众切身利益的大气、水、土壤等突出环境污染问题，改善环境质量，维护人民健康，保护了环境才能使所有人都能获得清洁的大气、卫生的饮水和安全的食品。加强环境保护能推进技术进步和更新改造，提高资本运营质量，有利于带动环保和相关产业发展，培育新的经济增长点和增加就业。所以环境保护对我们的生存条件和健康之路有着至关重要的因素。

第二节　现代国外环境保护的现实状况

一、俄罗斯生态环境保护机制

俄罗斯是世界上领土面积最大的国家之一，并且俄罗斯的城市和人口相对来说分布比较集中，只占很小的一部分国土面积，剩下的绝大部分的国土面积是未开发地区。因此俄罗斯拥有世界上最丰富的动物和植物种类，拥有面积最大的自然森林。俄罗斯为了防止自然生态遭到破坏，从立法方面制定了大量的政策和立法措施来保护生态环境。

（一）俄罗斯的政策性环保制度

为了保护环境，实现环境的可持续发展，保障公民的环境权力，俄罗斯制定了大量的国家政策，来确保环境生态不受破坏，实现生态的可持续发展，这些环境保护的政策性规定成为俄罗斯制定环境保护法律的指导性文件，为制定环境保护法律制度指明了方向。

俄罗斯2002年颁布的《环境保护法》的序言中提到：立法的目的是满足

当代人和后代人发展的需要，调整环境保护领域的法律规定和保障俄罗斯的生态安全。俄罗斯从立法上对环境保护予以规定，以国家强制力来保障环境生态的保护，同时还将可持续发展，保障公民环境权等一系列先进的理念融入立法中。俄罗斯除了通过国家政策和立法来保障环境生态保护，还通过参加的国际公约、国际协定来保障对生态的保护。

（二）俄罗斯环境生态保护措施的优点

首先，俄罗斯政府非常重视对生态的保护，制定了很大数量的法律法规，和尽可能详尽的法律规定，从立法上对生态进行保护。俄罗斯还投入大量的资金运用于生态恢复领域，并取得了显著的成效。

其次，俄罗斯从教育培训方面入手，培养了很多环境生态方面的专家，让这些环境生态方面的专家在环境保护和环境治理领域发挥着主要作用。政府环保部门还大力宣传，在民众中普及环境生态的常识，让普通民众认识到环境生态的重要性，从而自觉遵守法律法规的规定，并起到社会监督的作用。

最后，俄罗斯政府把最先进的环保理念贯穿到整个立法过程中，可持续发展的理念，保障公民环境权的理念在俄罗斯的环保立法中都有体现。

二、美国生态环境保护机制

（一）美国生态保护的具体措施

1. 生态工业园建设

生态工业园（EIP）是为了实现循环经济和可持续发展理念，企业相互依存而形成的企业共生体系。美国环保局认为："EIP 是一种由制造业和服务业所组成的产业共同体，他们通过在环境及物质的再生利用方面的协作，寻求环境和经济效益的增强。通过共同运作产业共同体可以取得比单个企业通过个体的最优化所取得的效益之和更大的效益。"

美国生态工业园发展已经有十多年的历史，在 20 世纪 90 年代，美国政府开始关注作为一个新兴工业理念的生态工业园，并在总统可持续发展委员会下设"生态工业园特别工作组"，推动生态工业园的发展。生态工业园以实现企业清洁生产，企业之间通过能量、废物和信息的交换从而使资源得以最大程度利用为目的，尽可能使园区的污染物排放为零。通过十多年的努力，美国已经建成三大类（改造型、全新型、虚拟型）总计 20 多个生态工业园。美国是最早提出生态工业园的国家。与传统工业园相比，生态工业园以工业共生为特点，节约资源、降低废物的排除，是实现可持续发展的有力支撑。生态工业园的发展与美国政府在生态保护与经济发展所持有的可持续发展目标是完全契合的。

2. 生态保护的市场机制

生态保护单纯依靠政府的力量势必十分被动，经历过惨痛教训之后，美国政府在生态保护问题的观念上发生了重大变化，即依靠市场的力量，设立不同的经济措施促使企业主动守法，这才是生态保护的最有效手段。美国生态保护政策可以说都是经济政策，也就是说强调开发新技术和新产品而不是通过改变生活方式的方法来实现生态保护和经济的可持续发展，通过措施的多样性，力求充分发挥各级地方政府和企业的积极性，使其自愿参与到环境守法中来。市场机制在美国生态保护中的积极作用是显而易见的。比如二氧化硫排污权交易制度，根据 1970 年《清洁空气法》，美国政府实行了一项"泡泡政策"，在污染物总量控制的前提下，各企业排污口排放的污染物可以相互调剂，即把污染物总量设为大泡泡 P，各个企业排放的污染物设为小泡泡 P_1，…，P_n，则 $P_1 + \cdots + P_n \leqslant P$。只要企业通过技术革新减少排污量，那么企业就能通过排污权交易的方式获得资金。这极大提高了企业环境守法的积极性，也便利了政府的环境管理工作。

在市场机制的应用方面，美国证券交易委员会要求上市公司披露相关的环境信息，以利于民众监督。环境信息披露制度增强了企业的环境守法意识，因为通过公众和信息搭建起来的市场意味着守法才能获得民众认同，才能有经济效益。

3. 生态补贴政策

根据《2002 年农业法》的授权，美国农业部将通过实施土地休耕、水土保持、湿地保护、草地保育、野生生物栖息地保护、环境质量激励等方面的生态保护补贴计划，以现金补贴和技术援助的方式把这些资金分发到农民手中或用于农民自愿参加的各种生态保护补贴项目，使农民直接受益。

4. 自然保护区管理

美国的自然保护区以"国家公园"为名，旨在保护自然资源和历史遗迹，同时能为公众提供欣赏并享受美好环境的空间。成立于 1872 年的黄石公园是世界上第一个"国家公园"，其产生过程为美国及全球国家公园的生态保护提供了良好的范本。作为世界最早以"国家公园"形式进行自然保护的国家，美国在管理方面制定了诸多相关法律，如 1894 年的《禁猎法》、1916 年的《国家公园法》、1964 年的《荒野法》、1968 年的《国家自然与风景河流法案》和《国家步道系统法案》，以及 1969 年的《国家环境政策法》、1970 年的《一般授权法》等。在管理体制方面，国家公园系统实施统一管理，即由联邦政府内政部下属的国家公园管理局直接管理，其管理人员都由总局任命和调配，工作人员分固定职员和临时职员、志愿人员。在资金运作方面，美国给予国家公园管理机构以财政拨款，保障了管理工作的顺利进行。

（二）美国生态环境保护机制对我国的启示

1. 严格执行环境影响评价制度

作为环境污染的事前预防措施，环境影响评价制度的积极意义不言而喻，但在诸多建设项目中存在的未批先建等违法行为使这一制度的约束意义大打折扣。严格执行环境影响评价制度，需要审批部门严格审查，并与国家产业政策相协调，凡是与产业政策相违背的项目一律不予通过；对未批先建造成环境污染或者破坏的，应在罚款的基础上增加企业"恢复原状"的责任。

2. 理清环境监管体制

我国环境监督实行"统管与分管相结合"的管理体制，即各地环保部门与其他资源管理部门根据各自权限在不同领域行使环境管理职权。这一管理体制造成的问题是，在环境问题凸显时往往出现推诿现象。理清监管职责，建立多部门协调工作机制有助于环境问题的有效解决。

3. 落实总量控制制度

我国将环境污染主要控制因子扩大为化学需氧量、二氧化硫、氨氮和氮氧化物，要求各地区在综合考虑本地经济发展的基础上合理确定减排目标。国家在污染物总量控制方面仅有政策性文件支持，如《二氧化硫总量分配指导意见》（环发〔2006〕182 号）、《"十二五"节能减排综合性工作方案》（国发〔2011〕26 号），缺乏法律层面的明确规定，对超过总量控制指标的企业缺乏处罚的依据，因此，在《大气污染防治法》中明确总量控制制度以及政府、企业在总量控　制度中的职责、权限和义务、责任，有助于使总量控制走上法制化的道路，为实现节能减排目标提供法律保障。

4. 实施排污权交易

排污权交易是促进节能减排的一项重要经济举措。实施排污权交易制度首先以法律形式确立排污权以及排污权交易的主体；其次，建立排污交易市场管理制度，允许排污权像商品那样被买卖，激励企业主动减少污染排放量；最后，强化政府的管理职能，以市场形式促成交易 的实现，防止非法交易和幕后交易。

第三节　现代国内环境保护的现实状况

一、我国自然资源环境保护现状

（一）土地资源保护的现状

对于土地资源的保护，我国出台了一系列关于土地资源保护的法律法规，主要有：《土地管理法》《水土保持法》《基本农田保护条例》《土地复垦规定》等。"对土地资源的保护，我国法律主要针对土地的权属关系、土地的流转关系、土地的监管关系，土地的开发与治理关系做了相应的规定。然而，我国土地资源保护法的立法和执法过程中还存在一些问题，导致土地资源依然污染、流失严重。

首先，我国土地自然资源保护法的有些规定不具有针对性，导致在执法过程中，各个地方具体执行的标准不一样，对一些特殊情况没有具体的规定，导致在现实执法过程中出现混乱。

其次，我国对土地资源管理的机构分为县市省级人民政府，或者国务院，各个管理机构的管理职能交叉分割，管理起来容易出现混乱，应该把土地资源的管理机构合并为一个机构的职权，这样由一个机构来管理土地资源的保护，可以提高管理和治理的效率，也不会出现重复管理的现象，有利于土地自然资源的保护。

再次，土地资源保护法中，只是规定了防止水土流失，和防风固沙的措施，而对于防止土壤的污染没有详细的规定，现在土壤的污染问题也成为土地资源减少的重要原因之一了，因此有必要把防止土壤污染的措施也进行详细的规定。固体污染物以及工业污水对农业用地的污染的危害是有目共睹的，因此规定禁止固体污染物和工业污水进入农业用地，并且规定相应的惩罚措施和限期治理措施。

最后，对于土地资源保护缺乏民间的保护组织，应该充分调动起公众参与土地自然资源保护的积极性，充分发挥公众的社会监督作用。

（二）水资源保护现状

水是人类生活和生产都离不开的资源，没有水，人类将无法生存下去。我国的水资源污染严重，湖泊每年都在减少，现存的湖泊也面临着濒临灭亡和水体质量下降的现状。我国也认识到了水资源减少的紧迫性。相继出台了《水法》《水污染防治法》《水土保持法》等法律。但是水资源保护的立法和执法过程中仍然存在不完善的地方，导致我国水资源问题依然很严峻。

首先，我国对水资源保护进行管理的机构，分为按流域来管理的机构和按地区来管理的机构。两者之间存在交叉现象。在实践中，很容易把两者的管理范围搞混淆，因此不利于对水资源保护进行管理，应该把两者的管理范围划分清楚，和两者合作的范围规定清楚，这样不仅可以提高各自的管理效率，而且还也可以使两者很好的配合。

其次，水资源保护法中，对一些具体的执法标准，没有规定具体的标准，会导致在执法过程中容易产生混乱局面，同时给执法部门过大的弹性执法空间，容易产生执法不力、玩忽职守的现象。对水资源利用收费过程中，收费的标准不统一，也会导致执法的混乱，不利于水资源的管理。

最后，我国对水资源的保护也缺乏公众参与机制，政府要加强对水资源重要性的宣传，让公民意识到水资源的重要性，并自觉组织水资源保护民间组织，发挥公众在社会监督和宣传方面的优势，这样才能更好地保护水资源。

（三）矿产资源保护现状

矿产资源为我国工业发展提供原料和能源，矿产资源不足，将会严重影响我国工业的发展，而工业在国民经济中占有很重要的地位，一个经济实力雄厚的国家不可能没有工业，所以矿产资源对国家经济发展有着至关重要的作用。我国颁布了《矿产资源法》《矿产资源补偿费征收管理规定》等法律。但是我国的矿产资源保护法，仍然存在很多漏洞，不能全方位地对矿产资源进行保护。

首先，我国矿产资源保护法对集体矿山和个人采矿进行了各个方面的规定，但是规定得太过笼统，没有针对性，造成执法过程中的混乱，执法效率不高，集体矿山和个人采矿存在没有计划乱开采的现象，反映了我国在矿产资源执法过程中的漏洞。我国规定，集体矿山和个人采矿应该注意提高采矿技术，合理采矿，注重采矿和保护周围环境相结合。但是现实中，集体矿山和个人采矿往往采矿技术落后，采取掠夺性的采掘，并且不注重周围环境的保护，造成矿山周围环境污染严重。

其次，《矿产资源法》规定开发矿产过程中，造成耕地、森林、草地破坏的，企业应该采取措施恢复耕地、森林、草地的面貌。但是在现实中因为缺乏相应的监管机制，开发矿山的企业很少主动做到对周围环境的保护。所以，应该健全开发矿产资源的监督机制，督促企业开采矿产的同时，治理周围环境。

（四）森林与草原资源的保护现状

森林和草原在保持水土，涵养水源，调节气候方面发挥着重要的作用，我国相继颁布了《森林法》《森林法实施细则》《森林病虫害防治条例》《草原法》《草原防火条例》等法律。由于立法和执法上的疏漏，我国森林和草原生态仍然面临着破坏严重的局面。

首先，我国森林与草原保护的相关法律规定太过笼统，针对性和可操作性不强，造成执法部门在执法过程中不能有效执法，执法效率低下。

其次，相应的监督机制不完善，缺乏相应的公众参与机制，没有充分发挥公众的社会监督作用。

（五）野生动植物的保护现状

野生动植物资源对维系地球生态系统的平衡具有重要作用，野生动植物资源给我们提供了丰富的药物，为科研提供了依据，是大自然生物链重要的环节。我国在野生动植物方面颁布的法律有《野生动物保护法》《野生植物保护条例》《进出境动植物检疫法》等，已经形成了一个保护野生动植物的法律体系。但是由于野生动植物具有很高的药用和食用价值，不法分子还是敢冒风险，捕猎野生动植物。很多珍贵的野生动植物已经濒临灭亡。

我国野生动植物保护法要加大对破坏野生动植物行为的处罚力度，对于破坏部分珍贵行为野生动植物要予以刑罚处罚，对破坏野生动植物的犯罪分子形成威慑力，使其不敢从事捕获和采掘野生植物的行为。其次，要构建社会监督机制，只有发挥广大民众的监督举报作用，形成密集的监督网，一有情况立刻上报政府，政府立刻采取行动，在这样的机制下，破坏者才不敢轻举妄动。

二、我国环境污染与防治的现状

（一）环境污染的现状

1.环境污染的历史渊源

18世纪中叶开始的工业革命，蒸汽机代替了手工作坊，它标志着资本主义社会从手工工场阶段向机器工厂阶段的飞跃，机器大工业蓬勃兴起，煤成为一个国家最重要的工业原料，于是环境污染就产生了，环境污染是伴随着工业发展过程产生的，同时也是一个国家工业发展所不可避免造成的事故。

环境污染是指由于人类的日常生产实践活动导致有害物质或因子进入环境，导致环境的结构和功能变化，从而危害人体或者生物的生命和健康的现象。国外很早就有对环境污染的记载，而我国是在改革开放以后，经济快速发展的过程中才开始出现的。在改革开放以前，我国工业产业还不是很多，环境污染问题并不突出，还没有引起人们的重视，改革开放以后，经济快速发展，工业化和城市化进程的加快推进，环境污染日益彰显，逐渐成为威胁人类生产生活和生命的严重问题。环境保护问题成为当代社会的共识，成为各个国家和地区经济发展首先要解决的问题。

在我们的日常生活过程中，每天都有环境污染事件发生。工厂生产活动排放的废水有毒气体造成的面积很广的环境污染；城市里的汽车尾气对环境造成的影响；我们日常生活中的废水排放到湖泊河流里造成水体富营养化等，都属于环境问题。环境污染问题是个历久弥新的问题，随着社会经济的发展，越来越多新的环境问题出现，比如核辐射，2011 年 3 月日本地震引起的日本核电站的核泄漏，对社会经济的影响，现在仍然在持续。

环境问题还会导致一系列相关问题的出现，职业病的出现就是紧跟着环境问题出现的。由于工人工作的工厂环境的问题而导致工人身体方面出现病变，就是职业病。目前国家已经划定为职业病的种类有 150 种，而每年都会有新的职业病种类出现，这与环境污染种类的不断增加是相符的。

环境问题还会引起生态的破坏，动物种类的减少，进而导致气候的变化。1998 年的长江流域的特大洪水事件就是环境问题间接导致的。人们的农业生产活动，尤其是围湖造田，造成湖泊面积和数量锐减，长江流域降雨量增加，长江水量猛增的情况下，湖泊不能起到应有的储蓄洪水的作用，所以就导致长江沿岸的洪涝灾害。

2. 环境污染后果的严重性

环境问题造成的后果往往是很严重的。大到工厂排放的废水废气造成的环境污染，小到生活中一个小细节可能造成的环境问题，都可能造成严重的后果。工厂排放的废水废气，废水通过渗透地下水进而影响居民的饮用水源，居民饮用这些被污染过的水后，可能会危害居民的身体健康，甚至夺走居民的生命，并且饮用水源污染不只是危害一个人，而且是危害一个乡村或者整个城市居民健康和生命安全。生活中的一个小细节，比如使用含磷的洗衣粉，如果每个人都使用含磷洗衣粉，那么生活污水排放到湖泊中，藻类大量繁殖，水体缺氧，导致鱼类大量死亡，破坏了湖泊的生态平衡，造成湖泊水质的下降，而湖泊是淡水的重要来源。全球的淡水资源在急剧的减少，未来淡水水源可能成为国家之间战争的焦点。所以，保护淡水、保护湖泊，对于人类具有非常重要的战略意义。

环境污染也可能造成人类财产的减少。在人类社会早期，由于当时生产力的低下，人类对生态环境的破坏可能只局限于过度砍伐森林，过度放牧破坏牧区的生态恢复能力，使森林减少，草原变成沙漠，造成人类可利用自然资源的减少。随着社会经济的发展，生产力的发展也达到了前所未有的高度，人类对环境的破坏能力随着生产力的发展也达到了极其严重的地步，湖泊的减少，耕地的减少，到处可见的污染，淡水资源的减少，地球上可供人类利用的资源似乎越来越少，人类生存的环境危机四伏。

3. 环境污染影响对象的不确定性

环境问题一旦发生之后，影响的往往是一定范围内的人们，而这个范围是不确定的，是否会继续扩大，这个范围内的人们具有流动性，所以环境侵权影响的对象是不确定的，它只能用一定范围来说明，而不能具体到数量。环境问题结果的出现具有长期性、积累性的特点，有些环境污染的结果不可能在短期内呈现，有可能经过几十年，上百年，环境污染的结果才逐渐显现，上代人造成的环境问题，由后代人来承受，所以环境问题影响的可能是当代人也可能是后代人，因此，环境侵权的对象具有不确定性。

同时环境污染的责任者也有可能是不确定的某类人，或者某地区的某类企业，或者一个地区的所有企业都是环境侵权的责任者。环境污染问题的出现具有累积性的特点，一家两家排污企业可能无法形成严重的环境污染问题，但是一个地区所有排污企业共同作用的结果就是形成了严重的环境污染问题。环境污染的责任者可能是一个地区的所有企业，环境污染也可能是一个地区所有企业共同作用的结果，而不是具体的哪一个企业单独作用所能造成的。

4. 环境污染方式的多样性

随着社会经济的发展，环境问题出现的方式也越来越多，呈现多样化。传统的环境问题：工业产生的废水废气废渣，进入大气、水体和土壤对人类健康和财产造成危害；居民生活污水进入水体造成的水体污染问题；城市里的汽车尾气等造成的大气污染等。还产生了很多新的环境问题，如放射性环境污染、电磁波污染、光化学污染等新的环境污染种类。

经济的发展造成科技的进步，新的科学技术新的发明运用于生产领域，可以给生产活动带来便利。但同时又造成了新的环境问题的出现[20]。2008 年苏州的联建科技有限公司，改用新的清洁效果更好价格更便宜的清洁剂正己烷来擦拭显示屏，代替传统的清洁剂酒精。正己烷是种挥发性的化学溶剂，挥发速度比酒精快，因此可以提高流水线上工人作业的效率，但是正己烷同时具有一定的毒性，造成了联建科技近百名员工集体中毒事件。新的发明新的科技成果运用于生产过程中，必须经过反复的检测和验证，否则给人们生产带来便利的同时也暗藏了危机。

经济的发展带来科技进步，从而推动生产力的提高，随着生产的进步，环境污染的方式必然越来越多，未来可能出现什么样的环境侵权方式，是任何人也预料不到的，我们只有对新的发明新的科技运用于生产之前，对其进行严格的检测和反复的论证，力求新的发明和新的科技确实不会产生严重的环境问题，再运用到生产领域。

5. 环境污染的种类

随着经济的发展，我国环境污染的种类也呈现多样化。改革开放以前，我国的环境污染现象还不严重，只是存在乱砍滥伐森林，围湖造田等一系列比较原始的生态破坏，以及过度地向森林、湖泊索取一些自然资源。而改革开放以后，我国经济迅速发展，各种类型的企业不断涌现，新的环境污染形式不断呈现。环境污染的种类日渐增多，并且危险也越来越大，影响的范围也越来越广泛，对人们的健康和财产造成的损失也越来越严重，人类似乎每天都面临着环境污染。

按照环境要素来分类，环境污染可以分为大气污染、土壤污染、水体污染。"大气污染是指大气中污染物或由它转化成的二次污染物的浓度达到了有害程度的现象。"大气污染主要是由工业生产排放到大气里的粉尘或者汽车、火车、轮船等交通工具燃烧化石燃料排放的废气。土壤污染是指人类活动产生的污染物进入土壤，使土壤质量恶化的现象，土壤污染的污染源主要来自没有经过处理的污染过的灌溉用水，或者酸雨。水体污染是指人类生产生活的垃圾进入水体，影响水体的物理组成、化学成分、生物组成，进而导致水体质量下降。水体污染主要是因为工业生产的废水、居民生活的污水进入水体，导致水体的变化。

按照人类活动来划分，环境污染分为工业环境污染、城市环境污染、农业环境污染。工业环境污染是指工业生产过程中产生的污染物，主要是指废水、

[20]　赵峻铎. 环境保护存在的问题及对策研究 [J]. 绿色科技，2014（05）：219-220.

废气、废渣及噪声污染。工业环境污染对人类的生活造成的危害是最严重的，危及人类的健康及财产。城市环境污染是指在城市工业生产，和居民生活过程中排放到自然环境中的污染物，导致环境中各种因素和功能的变异，环境生态系统失衡，危害人类的健康，影响人类的生活。农业环境污染是指在农业生产活动中使用化肥、农药、人畜粪便，影响土壤的组成元素的变化，或者塑料大棚的塑料薄膜对土壤造成的污染，农业环境污染严重影响农业生产活动，影响农业收成。

按照造成环境污染的污染物的性质、来源可分为物理污染、化学污染、固体废弃物污染等。物理污染包括噪声污染、放射性污染、电磁波污染、光化学污染。化学污染是指环境因为化学物的大量进入而引起的污染，分为有机物污染和无机物污染，化学污染威胁人类和动物的生存，是最严重的污染之一。固体废弃物污染是指人类的消费品用过后的废渣，也就是我们日常生活中的生活垃圾。

（二）从法律层面看我国环境污染防治的现状

我国对于环境污染问题很重视，已经相继出台了大气污染防治法、水污染防治法、海洋污染防治法、环境噪声污染防治法、固体废物污染环境防治法等法律。对环境污染从大气、水体、海洋、噪声、固体废物等方面进行规定，防治污染和治理环境。但是立法方面还存在一些不足，也是导致我国环境污染严重，污染行为屡禁不止的原因。

1. 立法方面

从立法方面看我国环境保护机制的不足，我国的环境立法缺失，也是造成环境污染日益严重的原因。我国现有的环境立法主要集中于对于政府环境职责的规定和具体管理制度上，缺少从根本上保障公民环境权的法律。而政府在行使环境职责时，由于对当地经济增长的重视等各种原因，忽视对环境的保护，造成政府怠于行使环境职责，或者对于环境污染现象不作为，从而造成我国环境污染现象日益严重。

大气污染是指人类生产生活过程中排放到大气中的污染物累积到一定的浓度，使大气的组成和功能发生变化，对人类生命健康，动植物造成一定损害的现象。大气对于人类和动植物的生存意义重大，大气是人类和动植物生存的前提，如果没有大气环境，人类和动植物的生存无从谈起。我国在大气污染防治方面的法律有《大气污染防治法》，还有一些行政规章《关于发展民用型煤的暂行办法》《汽车排气污染监督管理办法》等[21]。

现阶段，我国虽然颁布了关于大气污染防治的法律，但是我国的大气污染现象仍然很严重，严重制约国民经济的发展。我国大气污染防治法本身存在的不足之处有：首先，大气污染防治法的法律规定在实际执法过程中针对性不强，造成在执法过程中出现无法可依的局面，导致执法的混乱。其次，缺乏相应的监管措施，以及大气污染问题处罚后的监督机制，以至于出现对于污染行为处罚之后，不久又开始污染环境的现象。最后，《大气污染防治法》是1987年颁布的，最近一次修改是在2000年，而随着经济的快速发展，污染现象出现的方式越来越多，一些新的环境污染问题并未规定到《大气污染防治法》里面。而这些新的污染问题正危害着人类的健康，却没有相应的法律法规予以规范。

水污染是指某一种或几种污染物进入水体，导致水体的物理特性、化学特性、生物组成方面发生了改变，水体质量变差，影响人类使用，并对人类生命健康和动植物的生存构成威胁的现象。水资源是人类和动物赖以生存的重要物质，如果没有水资源，地球上将会没有生物，所有的动植物，包括人类，如果离开了水，将无法生存。我国水资源保护方面的法律有《中华人民共和国水污染防治法》，行政法规有《中华人民共和国水污染防治法实施细则》《饮用水源保护区污染防治管理规定》等。虽然我国颁布了一系列的水资源防治法，但是实践中，由于立法不完善，执法方面的漏洞，我国水资源污染仍然很严重。

水资源立法方面的不足主要有：第一，对于排污收费的规定，我国《水污染防治法》中，对排污收费规定的数额偏低，对排污企业起不到惩罚和警诫作用，企业为了追求高利润，当然愿意交相对于利润来说较低的排污费。另外，对于排污费征收的项目较少。排污费的征收没有真正起到防治污染的目的。第二，对于水资源的管理机构，按地区和按流域划分，各个管理机构的管理范围会有一定的交叉、重合，不利于提高管理的效率。

海洋污染是指由于人类的生产生活实践过程中向海洋排放了污染物，累积到一定程度，导致被污染海域水质下降，危害人类和海洋中的生物生存。海洋是地球三大重要的生态系统之一，在调节气候方面起着重要作用，海洋还为人类提供食物、能源。我国关于海洋方面的法律主要有《海洋环境保护法》《防治船舶污染海域管理条例》《海洋倾废管理条例》等。《海洋环境保护法》是我国的保护海洋环境的专门性法律，在实践中对海洋的保护起到了重要的作用。但同时它也存在一定的不足：《海洋环境保护法》中规定，海洋环境污染的管

[21]　曹明德. 环境与资源保护法 [M]. 北京：中国人民大学出版社，2008.

理体系机构体系是：国务院环境保护部门、国家海洋部门、港务监督、国家渔政渔港监督管理机构、军队环境保护部门[22]。这些管理机构虽然都明确规定了各自的职责，但是在实践中，执法过程中，还是会出现两个部门之间交叉管理的现象，不利于提高管理的效率。

噪声污染是指环境中的噪声超过国家规定的环境噪声污染标准，严重影响人们的生活和学习的现象。环境噪声污染造成的危害是很严重的，轻则影响人们的生活和学习，重则影响人们的健康。我国在环境噪声方面的法律有《环境噪声污染防治法》。

《环境噪声污染防治法》立法方面还不够完善，导致生活中环境噪声问题仍然频繁出现。

关于落后设备的淘汰制度，由于缺乏相应的监管措施，法律落实不到位，有些地方落后的设备仍然在使用，而周围的居民采取隐忍的态度，也是环境噪声污染严重的一个原因。

固体废物污染，是指人类生产、生活过程中排放到环境中的固态、半固态的污染物。固体废物堆放在环境中对环境造成的危害是很大的，挤占环境空间，同时还发散污染性的气体和污染性的粉尘对居民生活环境造成影响，同时固体废物也对土壤造成污染，降低土壤的质量。我国在固体废物污染方面的法律有：《中华人民共和国固体废物污染环境防治法》。这部法律在防止固体废物污染，保护环境方面起到了很大的作用，但是仍然存在不足之处，需要进一步予以完善。

第一，关于固体废物排污收费制度的规定，收费的标准偏低、收费的项目偏少，对排放固体废物到环境中的行为起不到遏制作用。

第二，没有建立固体废物的回收再利用制度，建立固体废物的回收再利用制度，是从根本上减少固体废物的产生，并且废物再利用也节约了自然资源，实现自然资源的可持续利用，同时也保护了环境。

2. 执法方面

从执法方面看我国环境保护机制的不足，我国环境法的实施主要依靠政府的行政权力对于环境污染的干预和监管，而不注重依靠民间力量去监督，依靠政府的行政权力对污染企业进行制裁，往往形成先污染后治理局面，或者形成政府查处关闭一些环境污染企业后一段时间，这些企业又死灰复燃，重新生产，继续污染环境的局面，因此单单依靠政府的行政权力去保护环境，显然是不

---

[22]　王景昊. 我国海洋生态环境的基本现状与对策分析 [J]. 中国高新技术企业，2017（01）：87-88.

够的。

执法主体，根据法律规定，我国环境行政行为执法的主体必须具有几个方面的条件。

一是环境行政执法的主体必须是组织而不能是个人。个人是不能进行环境行政执法的，即使个人进行环境行政执法，他也是代表他所在的组织执法。

二是环境行政执法组织的成立必须具有一定的法律依据。不是任何随便成立的组织都有环境执法的权力，只有依法成立的环境执法组织也有执法的权力。

三是有比较具体的环境执法职责。四是环境行政执法组织必须能够对自己的执法行为承担责任。在实践中，仍然出现一些没有行政执法资格的个人组织进行环境行政执法，不仅在公众中造成恶劣的影响，还增加公众与政府的对立情绪，不利于社会的稳定，同时也干扰了环境行政执法的正常进行。

执法的方式，环境行政执法方式可以分为环境行政处罚、环境行政许可、环境行政强制执行、环境行政奖励、现场检查。我国的环境执法部门在进行环境行政处罚时，往往态度粗暴，激起对方的对立情绪；往往处罚过后便万事大吉，没有及时进行处罚后的督察，陷入处罚之后，污染仍然存在的局面；行政处罚的数额仍然偏低，对造成污染的企业起不到警戒作用；违背一事不再罚原则对其进行重复罚款，或者违背两罚处罚原则，只对污染企业整体处罚，而不处罚企业主要负责人。环境行政处罚方面存在的这些问题，使我国环境行政执法在环境保护方面没有充分发挥作用。在环境行政许可方面，没有把竞争机制充分引入环境行政许可。

在环境行政强制执行方面，环境行政执行主体往往粗暴执法，忽视对公民基本权利的重视，引起公众的反感和敌对情绪，不利于执法目的的实现。并且普遍存在越权执法的现象，不仅不利于环境保护和污染的防治，而且往往事与愿违，造成恶劣的影响。环境行政执法机构的现场检查执法方式，在现实中，往往表现为环境污染企业临时弄虚作假应付检查，而环境行政执法机构则往往流于检查的形式，不重视深入调查木质，从而造成污染企业瞒天过海，继续污染环境，而执法部门自以为已经尽到了职责，导致环境污染屡禁不止。

3.司法方面

（1）从环境民事诉讼角度谈

环境污染民事诉讼的诉讼时效，法律规定为三年。但是我们知道环境污染侵权不同于其他的侵权事件，环境污染事故具有累积性、长期性的特点，环境污染事故的结果有可能不会在短期内显现，有的需要经过几十年才能够显现出来，有的上代人造成的环境污染，结果在后代人身上显现。所以，环境侵权民事诉讼的诉讼时效规定为三年不利于对环境受害者的保护。

（2）从环境行政诉讼角度谈

①环境行政诉讼的诉讼时效是三个月，从知道行政机关作出具体行政行为之日起。这个诉讼时效太短了，不利于行政相对人提起行政诉讼。

②在环境行政诉讼中，先是行政诉讼相对人既环境污染的责任者提起行政诉讼，环境污染的受害者随后提起民事诉讼，要求造成环境污染的责任者赔偿受害者的损失，这样就增加了诉讼的成本。

（3）从环境刑事诉讼角度谈

①审判实践中对严重危害社会的环境污染行为依照本条定罪的情形不多，究其原因在于刑法对环境污染行为的定罪标准不明确。定罪标准不明确的原因是多方面的：环境污染直接造成人员伤亡的情形不多有关；对公私财物的损害往往具有公共性，受害主体分散；国家对环境污染的行政执法较随意，对于构成犯罪的环境污染行为不及时向公安机关移送。

②在对环境污染犯罪司法实践中缺乏针对环境污染受害者的特别保护，没有专门的司法机制来保障被害人的利益诉求。

③运动式执法和环境污染屡禁不止的原因，在于没有环境监督部门人员因为大型的环境污染被追刑责，没有这种刑事上的压力，环境监督部门就不会真正重视环境的污染防治。而现实中出现的以行政处分代替刑事渎职犯罪追究的现象，无疑进一步导致了环境监督部门对环境污染防治的轻视。

结合医学标准和损失评估可以对环境污染犯罪的定罪予以明确。从人身伤亡的角度，可以规定环境污染造成一人以上患癌症或者死亡（当然这里需要环境污染是患癌症的主要致病因素）或者环境污染造成三人重伤或者人体主要功能的丧失或者转化为慢性不可治愈的疾病。从公私财物的损害的角度，可以规定环境污染造成直接经济损失达三十万元以上，间接损失达九十万元以上的，或者环境污染造成对大气、水体和土壤的破坏：对大气的破坏应是造成一百人以上的疏散；对水体的污染应是造成五百人以上（或者造成一个以上的行政村或社区）的饮水困难超过五个小时的；对土壤的污染应是造成土壤的功能丧失，不能恢复长达三个月以上的。

当然，达不到以上标准并不是一律不能定罪，当主体的环境污染类似行为被行政机关处罚两次以上的可以定罪，或者该污染行为造成的污染后果达不到以上标准，但是有其他恶劣情节的，也可以予以定罪。第二，在对环境污染犯罪司法实践中缺乏针对环境污染受害者的特别保护，应该建立专门的司法机制来保障被害人的利益诉求。

在司法方面看我国环境保护的不足，环境侵权民事诉讼的诉讼时效是三年，而由于环境污染行为本身的特殊性，环境污染事件结果通常具有累积性、长期性，环境污染造成的损害后果不可能马上显现，有可能在污染行为发生几十年，上百年后污染行为的后果才能显现，这样就给环境污染责任者提供了逃脱法律制裁的借口。

（三）我国环境保护机制的不足

除去法律层面环境保护机制的不足，我国公民环保意识不强，一味地追求经济利益最大化，过度向环境索取，而不惜以破坏环境和生态为代价，忽略了环境生态的重要作用。我国公民普遍对环境保护的重要性认识不够，不能在日常生活中自觉履行环保意识，对于环境污染的企业也没有起到监督的作用。

我国的各种企业是造成环境侵权的主要主体，企业在生产过程中，为了追逐利益最大化，降低生产成本，就不惜向湖泊和河流排污。随着城市里面土地价格的飙升，寸土寸金，房地产开发商往往选择以最小的成本来获得土地，就采用填湖建楼的方式。而政府部门对他们的罚款往往只是他们以破坏环境来获得利益的极小一部分，所以政府部门对他们的罚款往往不起任何作用，这类企业仍然我行我素的破坏环境。

生态环境部门对污染企业的惩处力度不大，执法不严，责任落实不明确，没有形成环境保护的长效机制。生态环境部门对污染责任企业污染环境的行为只在事后处以罚款，并没有对其事后治理环境污染的行为进行监督。环保部门这种只罚款不监督治理的行为导致污染环境的现象依然存在。又由于当地政府部门只重视经济总量和经济增长速度，从而对环境污染企业纵容和袒护，使污染企业得以长期的存在和发展。

我国长期形成的以经济总量来衡量官员政绩的观念，也导致了当地政府领导只重视经济的增长，而不重视环境生态的保护，先污染后治理的现象广泛存在，上级对环境污染的专项拨款也被用来发展经济，而不用于环境生态的保护。

没有充分发挥民间环保组织的作用，民间环保组织在我国环境保护中起着重要作用。在环境保护的宣传方面，民间环保组织比政府环保部门更能有效地组织对民众的宣传活动。由于民间环保组织的成员均来自民间，与民众有着天然的联系，在宣传环境保护知识，号召民众学习环境保护知识方面，比政府环保部门更易于与民众接近，从而达到好的宣传效果。同时民间环保组织成员来源广泛，只要环保组织中的成员在日常生活中坚持环保理念，从身边小事做起，就能带动周围的人，在生产、生活中遵守环保要求。由于民间环保组织本身的特点，比如灵活性强，对污染环境企业的监督更及时有效。

在我国还没有一种有效的环境保护制度，再加上环境受害人维权意识不强，在发生环境污染事件时，当事人大多选择沉默和容忍。当事人的沉默和容忍会无形中助长环境污染责任人的气焰，使环境侵权行为人更加毫无顾忌。这就造成我国的环境侵权现象越来越严重。

第四章 可持续发展的基本理论

可持续发展是世界各国永恒关注的议题。只要人类生命不息，发展就与人类的命运紧紧联系在一起，人类要想永远繁衍下去，就要与大自然和谐共处，与社会协调发展，那么可持续发展是人们唯一的选择，虽然可持续发展是世界各国的共识，但在执行效果上并不理想，人类的发展不能只顾自己，还要考虑后世的人们，因为这是当今人类的责任与义务。本章主要从可持续发展理论的内涵与特征、可持续发展理论的思想与原则、可持续发展理论的指标体系、可持续发展理论的指标体系等方面进行深入研究，主要包括可持续发展形成的背景、可持续发展的起源于演变、可持续发展的内涵与实质。

第一节 可持续发展理论的内涵与特征

一、可持续发展的起源与演变

可持续发展是一种使命担当，是各个国家最有利的角逐条件，国家们要想在复杂的国际环境中发展自己、保存实力，可持续发展绝对是不可或缺的优势，不管国家是否自愿选择这条道路，他们都已经处在这种环境下，跌跌撞撞地走上了可持续发展之路。

工业化伴随人类成长的两个世纪里，科技水平越来越发达，人们在这一阶段获得的利益越来越丰厚，大大加剧了对自然界的破坏，世界人口、资源、生态问题越来越突出，这是人类不敬畏自然的结果，几乎每个国家都有这样的矛盾，这种状态也会长时间伴随每个国家的成长。

庆幸人类的觉醒并不太晚，也逐渐接受了这一现状并积极想办法解决这一困境，最终，人类找到了解决措施——可持续发展，这是全新的理念，是思想的探索，也是思维的改变。

可持续发展思想不是横空出世，它的形成是有一定原因的，这个思想是人类提出的，人类是社会的一分子，所以它是在社会发展中形成的，从这个思想中可以看出，人类是想和自然界和平共处的，最大的体现是人们抛弃了以前的陈旧观念，选择了一条光明的道路。

人们发现可持续发展思想在古代也被提及过，例如，中国老子提出的"天人合一"思想，到近代社会德国思想家卡尔·马克思提出的"人同自然界完成了本质的统一，是自然界的真正复活"思想，虽然文字不一样，但它们想要表达的意思都是一样的，只是每个时代的表达方式不同而已。

可持续发展观是在现代提出的，人们在遇到困难的时候努力尝试思考、用思想指导实践，再一步步作出改变，最终找到这个解决办法，它已经成为全球发展的主旨，它被肯定的过程也不是一帆风顺的，回顾它的历程，人们可以了解全世界对它的探寻。

（一）可持续发展的定义与争议

何为可持续发展？很多研究者和专家从社会各个方面根据自己的理解来定义可持续发展，这些个定义中有宽泛的概念也有详细的解释，针对它的论文更是层出不穷，随着可持续发展思想越来越被人们所熟知，研究它的人也越来越多，迄今为止，针对可持续发展思想相对权威且使用最多的是"布伦特兰定义"。

1987年的《我们共同的未来》报告中首次明确了可持续发展的定义：在满足当代人需求的同时，又不损害后代人满足其需求的能力的发展，也被称为"布伦特兰定义"。对这个定义的解读是：人与自然的矛盾非常尖锐的时候，人类需要找到另一种途径来缓解人与自然的矛盾，这个途径不仅能在若干年内发挥它应有的作用，甚至在未来都要发挥它决定性的作用。

有的研究者认为这个定义具有明显的局限性，还有些抽象化，程东海对此有一些新的看法，他认为："布伦特兰定义"没有涉及人与自然的关系，它只强调了当代人与后代人的关系，而可持续发展的基本目标就是要实现人与自然的协调发展；"布伦特兰定义"忽视了当代人之间的关系，只注重上下两代人的关系，阻碍可持续发展的主要原因是当代人之间不平等的关系。

程东海认为"布伦特兰定义"没有为解决不平等的国家关系提供解决办法，也没有全面反映可持续发展的内涵，还是应该把它归类到传统的发展观层面。

（二）可持续发展成为全球共识

2015年，可持续发展思想演进历程上迎来了一件里程碑意义的事件，或将改写人类未来。

2015 年的 9 月 25 日是值得人类铭记的日子，这一天，联合国可持续发展峰会发布了《变革我们的世界——2030 年可持续发展议程》，该议程旨在促进人类与自然的协调发展，改变人类经济发展的方式，参与讨论议程国家的数量非常庞大，包含了 193 个会员国，它的发展目标涉及 17 个领域的 169 个具体问题，它成为了全球可持续发展的纲领性文件，也标志着全球可持续治理踏上了新征程。

这项议程又新设立了 17 项目标，目的是应对社会经济发展、社会的包容性与环境方面，这个议程有望在将来十五年内发挥着积极的作用，同时议程倡导全世界各国团结起来，在社会关注的重要领域里承担自己的责任，为世界可持续发展作出贡献，各国也应该努力消除本国的贫困问题，在不损害大自然生态环境的同时发展本国经济、着手解决人们关心的民生问题。

可持续发展观从人类环境意识觉醒到逐渐成为全世界的共识走过了将近五十年的历程，这期间有迷茫、有困惑、有质疑还有改变，这一路走来非常不容易，经历了很多坎坷，但面对这么艰巨的问题，人类只能迎头而上，毕竟没有时间容人类等待了，这无疑也是解决人类困境的最好办法。

二、面对可持续发展困境的反思

工业化进入到 20 世纪 50 年代后，社会中被忽视的问题一一显露了出来，人们开始认识到工业的发展程度已经严重阻碍了人类发展的进程，在哪里打开突破口、怎么走出当前境况是人类急需解决的问题，因此，找到永久的解决办法是 21 世纪各国面临的共同问题。

21 世纪人类必须进行自救，人类步入工业时期，生产力发生了质的改变，大机器取代了人力生产，人们向社会和自然的索取也越来越多，自然资源被人类毫无忌惮的使用到经济建设中去，于是产生了非常严重的环境问题，人们不知道怎么把经济建设与环境治理问题有机地结合起来，经过长时间的共同努力，人类想出了可持续发展这个策略，这是人类面向未来的必经之路。

世界经历了什么以至于人类发出那样的呐喊？我们可以从《2015 世界可持续发展年度报告》披露的一组数字了解人类的处境。

（一）人口困境

按照可持续发展的年度报告，全球平均每年新增人口数量达 8500 万人，这样的增速水平人类并不感到吃惊，随着时间的增长，人口增加是必然，特别是步入工业化社会以来，人口在无休止地增长，增加了这么多人口，那么相对应的粮食、水、电、耕地这些必需品就必须配备，这样一来，就消耗了很多自然资源，新增人口也会污染环境，地球的压力是可想而知的。

（二）资源困境

20 世纪的一百年里人类大量消耗地球上的资源，其中化石能源人类消耗了2500 亿吨，有色金属人类总共消耗了 392.4 亿吨，地球的资源是有限的，在人类消耗的同时还要向人类提供资源保障，在 21 世纪，地球必须缓解人类带来的压力。

（三）环境与生态困境

人类在地球上留下的痕迹太多了，已经远远超出了地球的承受能力，根据报告来说，1970—2007 年这 37 年间，地球的生物多样性已经下降约百分之三十，生物多样性的下降表明地球的生态种类减少了，这又给本就脆弱的地球带来了严重的冲击。

（四）社会困境

两次世界大战都在 20 世纪这个时间段发生，在这一百年里还发生过很多次局部战争，频发的战争夺去了 2 亿人的生命，使 15 亿多人沦为难民，伴随战争的同时，自然灾害频发，达到八级震级的地震有九次，霍乱和流行病接踵而来，到现在也是世界难题，这些都是不可逆转的困境，2013 年的报告称世界上仍有 12 亿人口处在极度贫困阶段，各种困境叠加在一起构成了社会困境。

随着时间的推移人们进入了 21 世纪，人类面对的挑战将会越来越艰巨，针对人类面对的各种困境，希望人们不要放弃解决困难的决心，要以更包容的心态迎接各种挑战。

第二节　可持续发展理论的思想与原则

可持续发展思想作为一种新的发展理论，是人类社会发展的必然选择，是符合人类社会发展的客观规律的一种科学理论，笔者在文章中就从可持续发展的内涵以及对它的哲学反思来对可持续发展思想做简单的阐述，以此使人们更正确并深入了解可持续发展的相关方面。在保证自然可持续发展下促进人类可持续发展。促进人类社会和自然和谐共处，走出一条真正的可持续发展道路。

一、可持续发展思想的含义

在 1987 年《我们共同的未来》中提出：可持续发展是指既满足当代人的需求，又不对后代人满足其需求的能力构成危害的发展，这是被我们大家普遍接受的概念，可持续思想包括三个方面的内容，即自然可持续发展，认为人类的发展必须与地球的承载能力保持平衡，人类的所有活动必须在地球的承受范围内，它是可持续发展的前提；经济持续性发展，在保护环境，不破坏生态的情况下使经济发展获得最大利益，它是实现可持续发展的基础；社会可持续性发展，人与人之间以及与后代人之间，资源能够被合理的分配利用，它是实现可持续发展的动力和保障[23]。

二、可持续发展思想的哲学思想

（一）物质与意识的辩证关系原理

马克思辩证唯物主义认为，主观世界是客观世界的反映，世界是物质的，物质与意识是辩证统一的关系，物质决定意识，意识是人脑的机能，意识是客观世界的主观映象，意识具有能动性，正确的意识会促进客观事物的发展，错误的意识会阻碍客观事物的发展。物质与意识的辩证关系是可持续发展思想提出的重要哲学依据，首先这一思想的提出是根据中国目前的发展实际情况，再次，这个思想的提出和以前相比得有创新之处，是真正适合我国发展的道路，能够有效指导我国各方面有效健康的发展，通过实践证明。这一思想是正确的，能够推动我国更好地发展。

就目前我国国情来看，中国人口数量庞大，资源紧缺，同时资源浪费比较严重，利用率较低，人与人之间和人与环境之间的矛盾尖锐。可持续发展这一思想正是在这一客观的情况下提出来的，是基于中国的"高消耗，高投入，高污染"的发展道路提出来的一种新的发展观念，人们将它作为理论指导，在实际的生活中积极地实践着，这一发展指导思想的提出改变了中国以往的旧的发展道路，逐渐将各项发展模式转向"低消耗，高效益，低污染"这样一种发展模式。

（二）人与自然是辩证统一的关系

马克思说"思想根本不能实现什么东西。为了实现思想，就要有使用实践

[23] 赵建军 . 如何实现美丽中国梦：生态文明开启新时代 [M]. 北京：知识产权出版社，2013.

力量的人"。因此，可以看出，一方面，人与自然是相互联系、相互依存的，人类的劳动都必须在自然环境中进行；而另一方面，在人与自然的关系中，人类处于主动地位，人能够发现、认识、掌握并利用自然规律，但是同时人类必须按自然规律办事，不能违背自然规律，一旦违背了它的规律人类便会受到大自然的惩罚[24]。

可持续发展的提出，一方面充分体现了自然界对人类生存发展的重要性与必要性，同时，又体现了人在自然界中具有主导作用，在最大程度尊重自然的同时，推动人类的长远发展。可持续发展思想的提出正是基于人与自然是辩证统一的这一原理，体现的是人与自然相处的和谐状态，按照这一思想，人类自然会得到保护的同时，人类也必然将有更好的发展。

（三）物质世界永恒发展的原理

唯物辩证法认为，一切事物都处于运动变化发展之中，历史上的任何东西，在某一阶段中，都有其存在和发展的理由，但随着某些外部环境的变化，又会丧失其当时存在的根据和理由，发展的实质是新事物的产生和旧事物的灭亡，新事物是对旧事物扬弃的结果。但任何新事物的发展壮大并不是一帆风顺的，它的发展是前进性和曲折性的统一，前进性是在不断的曲折、各种迂回或者一时的倒退中实现的。

可持续发展这个思想并不是一开始就存在的，它的提出是经过一定的过程，在这个过程中，我们提出了许多与以前的发展不同的发展模式，最终经过各方面的斟酌，提出了新的发展观——可持续发展，以前的只以满足人的利益而肆无忌惮地以牺牲环境为代价的发展观现在已经逐渐被可持续发展观取代，人类中心主义渐渐退出舞台，更重视人与自然的和谐共处，从以前的"人类中心主义"的发展观到现在的可持续发展观，是符合客观规律、历史发展趋势，经得起历史发展考验的。

可持续发展是当代发展的一个优良的模式，是人类追求美好生活的一种选择，反映了对人与自然和谐发展的真切向往和辩证思考，可持续发展思想的提出有着深厚的哲学根基，可持续发展既关系到人类现实的生产活动，也关系到社会的稳定发展和人类的可持续发展，可持续发展是我们未来每一代人都必须正视的问题，我们应当从当下做起，在开发自然资源和进行环境改造时，要做到尽量不破坏大自然，做到人类和自然共同可持续发展。

---

[24]　张敏．论生态文明及其当代价值 [M]．长春：吉林出版集团有限责任公司，2016．

三、可持续发展思想的基本原则

可持续发展的基本原则包括公平性原则、持续性原则和共同性原则。主要是依据《我们共同的未来》报告，里面阐述了可持续发展的基本原则，这是国际社会比较认可的说法，其中每一个原则都富有深刻的内涵，并可以用它们来指导其理论，还可以指导其实践[25]。

（一）公平性原则

公平性原则包含代际间的公平和当代人际间的公平，第一个公平是指在当代人使用自然资源的同时也要为子孙后代保留下一代的自然资源，当代的资源不要全都用光了；第二个公平是指一些掌握资源甚至是垄断资源的个人和发达国家不要只顾自身的利益，要适当考虑普通民众和发展中国家的利益，他们有追求幸福生活的权利，资源控制者不要吝啬，还是要把机会留给别人一些。

（二）持续性原则

人类发展要懂得适可而止，在已经满足需求的情况下，可以适当放慢发展的速度，在社会发展中，人类有这样那样的需要，有最基本的需要，也有超出基本需要的需求，一旦这样的需求越来越多，发展就不可控了，就不能持续地发展了；还有，人类要适当限制自身的发展，人类运用先进技术开发资源影响了大自然生态，生态破坏是不可逆的，它能够从根本上限制人类的发展，影响人类的命运。

（三）共同性原则

每个国家在经济发展中都有不同的情况，每个国家运用的经济发展模式也不尽相同，有适合国家发展的道路，也有不适合国家发展的道路，最重要的是，我们在选择的时候要结合本国的实际情况，选择最合适的道路，这样才能对国家发展起到积极的作用。对于可持续发展来说，国家们选择了共同的道路，它们站在共同的立场上，有共同的利益选择，因此它们的一举一动都会影响这个思想的实施，国家们站在不同立场的时候，不要对别国指手画脚，要尊重其他国家的意愿，共同铸就国家间的信任。

[25]　郭强. 可持续发展思想与可持续发展政策 [J]. 社会治理，2019（01）：26-34.

（四）质量性原则

社会进入高速发展阶段后，人们的需求发生了改变，人们不再满足于获得基本的生活需要，人们想要高质量的生活，这是人类发展史上的必经阶段，如何能获得高质量的生活，人们在可持续发展思想中找到了答案，其实这个思想本身就包含这层含义，质量性是今后国家发展的必然属性，它代表了一个国家发展的标志。

1. 能够改善人类的生活质量

人在发展的过程中大脑变得越来越聪明，变得越来越自信，发展可以实现人们的愿望，满足人们的期望，只有发展才能改变人类、改变社会，让人们的生活水平得到极大的提高。

2. 能够保护生命的自然基础

发展经济并不阻碍人类保护环境，经济和环境是相辅相成的，这两者并不是天生的敌人，只是有的人总是以牺牲环境来发展经济，好像两者不能同时存在一样，其实不然，人们可以换个角度想想，环境保护好了，经济发展也可以得到好处，例如乡村旅游，这就是用环境来促发展，环境好，人们当然愿意去消费，也可以带动当地的经济，增加收入。

第三节　可持续发展理论的指标体系

联合国可持续发展目标（SDGs）是 2030 年可持续发展议程的核心内容，全球可持续发展指标框架以此为基础，用多领域指标监测可持续发展进展[26]。SDGs 通过后，各国都将其作为自身经济社会协调发展的重要指导，中国政府也将其上升到战略层面，并与国家"十三五"规划等实践路径有机结合。

然而，SDGs 的评价主体是全球和区域进展，对于可持续发展程度各异的国家进行统一评价并不适用，亟待研究一套适合于中国情况的评估体系，一方面形成国内可持续发展各领域的综合现状评价，摸清基本情况；另一方面形成对SDGs 评估的对标，以促成 SDGs 各项目标的落地。基于此背景，重点分析了全球可持续发展指标框架的出台过程、概念框架以及评估应用中的具体问题，以中国落实 2030 年可持续发展议程为基础，以可持续发展强调的经济、社会、

---

[26] 杨锋. 城市可持续发展的趋势和新国际标准提案方向研究 [J]. 标准科学，2019（12）：6-10.

资源环境的协调发展为理论支撑，对标 SDGs 的各项目标和具体目标，构建了一套适用于中国国家层面可持续发展进展评估的指标体系，旨在形成对中国落实联合国 2030 年议程的评价指标建议。选择 2012—2016 年为研究期，综合运用层次分析法、专家咨询法构建了针对民生改善、经济发展、资源利用、环境质量综合评价的指标体系，同时与 SDGs 评价目标相对应。

评价结果表明，可持续发展的总得分在研究期内均保持增长的趋势，可持续发展的总体态势始终改善。总分增长较快的年份，资源环境质量改善的得分也较高，其中贡献率较大的主要是与能耗和污染物排放下降相关的指标，通过现状评价明确了发展的薄弱环节，形成了 SDGs 框架下适用于中国评估的指标建议。

一、可持续发展全球指标框架解读

为动态监测 2030 年议程实施情况，IAEG-SDGs 制定了一套评价指标框架（可持续发展目标和 2030 年可持续发展议程具体目标全球指标框架）。

可持续发展全球指标框架主要由 3 级指标构建。2030 年议程提倡的 17 项项目对应 1 级指标，其中的 169 项项目对应 2 级指标，这两个指标反映经济、社会、环境三个方面，首先在经济上，人类不要过度发展经济，陷入经济恶性循环；其次社会方面，社会的发展不是一帆风顺的，要适可而止；最后重点说说环境方面，环境好比是人类的氧气，谁都不想生活在恶劣的环境中，环境好心情也会好，如何让三者融合发展是人类的夙愿。3 级指标的功能是进行数据收集、评价，并按照 8 个不同群体为依据开展工作。

由于各个指标仍在不断完善修订的过程当中，截止到 2018 年公布的最新指标共 232 个，根据指标和数据本身的完善程度，可将指标分为 3 类：第 1 类指标概念明确，有广泛认可的评价方法和标准，也有相应的统计数据 93 个；第 2 类指标概念明确，有广泛认可的评价方法和标准，但数据不完善或不定期发布 72 个；第 3 类指标还没有国际广泛认可的评价方法或标准，但正在制定当中 62 个，此外还有 5 个指标由于涉及内容的差异分属于不同类别。

从数据和指标来看，2030 年提出议程目标实施情况不太顺利，按照当前的实施进度，想要完成这个目标是有很大阻碍的。首先是发展不平衡，以城市举例来说，城市有特大城市、大型城市、中型城市和小型城市之分，特大型城市和大型城市经济发展良好，但两极分化非常严重，优质的资源都集中在这两个类型的城市，人口众多，机会也很多；其次是从年龄层面来说，中年及以上群体拥有较多的资产，包括现金、房产和其他形式的资产，青年人储蓄能力不强，几乎都是月光族，手里没什么钱，更别提房产之类的有形资产，主要原因是近年来生活成本上升，工资的收入赶不上成本的支出，比这还严重的是，当今世界还有很多人的温饱问题没有解决。

针对极端贫困人员要及时给他们提供帮助，教他们自给自足，只有自足了，才能发展本国经济；针对工薪阶层，国家要加大社会保障力度、增加低收入阶层的收入。只有进行真实评价，才能找到症结所在，并根据现状制定措施，保障目标有序向前推进。

二、中国可持续发展评价指标体系构建的探讨

（一）可持续发展全球指标框架的特点

2030 年议程目标评价考察可以运用全球指标框架评价指标，它坚持的宗旨就是用客观的眼光来评价现状水平、改善程度以及距离议程目标的差距这三个重要环节。

2015 年开始运用可持续发展行动网络测量各个参与国对目标的执行情况，这个数据可以让 IAEG-SDGs 清楚地了解参与国执行过程中出现的问题，以及可以及时沟通并指正，参与国也可以对这个指标提出自己的看法，如果有不同意见可以互相交流、互相学习，毕竟每个指标都不是那么完美的。通过不断的实践探索，在之前的 17 项目标下分别建立二级评价指标，并于 2017 年对 157 个国家进行评分，并将结果总共分为四类，那些不易于使用的指标用数学平均计算法来计算。

现在，对中国评价的一级指标总共有 94 个，里面包含了 17 项目标、73 项具体的目标，针对于中国的评价要结合本国的实际情况，不要通过指标盲目定义落实程度，中国对全球目标的发展有非常大的贡献，坚定地执行了可持续发展目标议程，但是我们也要看到中国在落实这项议程时的不足之处，只有全面分析各个国家的实际情况，才能更清楚地了解到每个国家的真实情况，同时为评价指标立足本土国家提供有利条件。

（二）全球指标框架评价中国可持续发展目标进展的主要问题

IAEG-SDGs 就中国使用指标的情况进行了分类评价，主要内容有四类：第一类与中国统计数据相吻合，数据也是非常可靠的，这类指标在中国可持续发展评估时可以直接使用，不用再更改指标；第二类与之不同的是，统计指标不

一样了，但指标可以目标对应上，而且指标解释是相似的；第三类指标获取比较困难，因为它属于学术研究方面，这些数据是不易从现有国家统计体系得到的；第四类指标是特别的，它是中国为实现目标作出的积极贡献，这些贡献还没有相对应的指标，需要后期补充。就针对中国的评价指标来说有好的一面，也有不尽如人意的地方，比如，有的指标期望太高，现实与愿望有一定差距。

（三）构建中国可持续发展评价指标体系的主要原则

构建中国可持续发展评价指标体系要以 17 项目标为原则，经济、社会和环境这三个领域缺一不可，因为是它们构成了可持续发展思想的体系，针对评价指标体系，要在"自上而下"的框架下，找到这三个领域的共性，从整体层面上把握发展方向，认真监督中国实施目标的情况。

对于中国可持续发展评价指标体系，主要以层次分析为指导，共设计了两个评级指标。一级指标对应经济、社会、环境三个领域，主要是考察环境质量、资源利用两个方面，操作的时候要对它们分别进行评价，因为两个指标的效果是不一样的，环境质量指标绝大部分是改善型指标，资源利用绝大部分是负面指标；二级指标对应 2030 年议程中的 17 项目标，主要是评价目标的现阶段落实程度。

三、中国可持续发展评价指标体系

（一）指标数据来源

基于全球评价指标评估可持续发展目标和具体目标的落实情况，核心是具体指标数据的来源问题，数据需要具备易获取、来源可靠、定时发布、准确反映变化情况等特征。同样地，中国可持续发展评价指标体系中的数据来源也应满足以上要求。

（二）指标权重设置

由于各指标对于评价目标的重要性并不一定完全相同，常用权重差异解决这个问题，不少研究表明采用不同的权重计算方法会影响最终评价结果，权重实质上表征了每个指标对于最终目标的重要性大小。可持续发展评价涉及内容众多，指标繁杂，一级指标的选择依据是经济增长、社会完善、资源环境状况改善对可持续发展的支撑，同时一级指标还对标了 SDGs 目标和部分具体目标。从这个角度上讲，将一级指标赋予相同的权重，依据是 2030 年议程所强调的经济、社会、环境是一个不可分割的整体，二级指标在一级指标下赋予权重，指标越多则每个指标的权重相对越小。对于指标体系中选择的等权重的计算方法，与算术平均的思想是一致的。一级指标等权重，主要是基于经济、社会、资源环境对可持续发展的共同支撑，二级指标继续采用等权重的思想，是考虑到指标数量较多，每一个二级指标的改善对于总体情况的改善都是正向的，对于整体得分的提高有相互替代性。事实上也有学者进行几何平均的权重处理，结果会扩大指标之间的差异，情况越差的指标对于整体得分的影响越大，这种办法对于揭示指标之间的差距效果较好。如果想要评价结果准确，那么设置合适的权重和选择适合的评价方法无疑是最好的选择。

（三）无量纲化处理

无量纲化处理方法是我们常用的处理方法，学界常用的线性无量纲化方法是：功效系数法、归一化法、极值法、向量规范法、标准化法、线性比例法等。据相关研究表明，使用不同的评价方法，一定程度上会影响评价结果。

第四节　可持续发展战略的实施路径

一、生态森林培育可持续发展路径

近些年来，可持续发展战略成了社会发展的主要导向，森林资源是我国重要的可持续利用资源，对于人们的工作和生活都有较大的帮助，因此森林培育成了林业工作的重要内容。但在近些年来，森林培育工作的质量较低，相关的工作人员缺乏一定的工作经验，培育意识落后。因此，在对森林进行培育的过程中，相关的工作人员要掌握一定的培育技术，及时革新培育理念，做好培育的准备环节，对森林培育的管理要不断地强化，完善管理制度，提高森林培育工作的质量。

森林培育工作是植树造林过程中的工作重心，对于森林成活率有着较大的影响。树木的选种、幼苗的栽种、树苗的种植和培育等，在森林培育工作中占据着重要的地位。由于工作的复杂性以及长期性，使得森林培育工作较为困难，也需要相关的工作者投入较多的时间和精力去进行管理和培育，森林培育工作的价值也是其他工作无法等同的。因此，在进行森林培育的过程中，相关的工作者以及管理人员要不断地完善培育工作的制度，提高工作人员的培育技术，将森林培育工作的整体质量进行提升，促进森林资源的可持续发展。

（一）森林培育工作中遇到的困难

1.我国森林的整体质量较低

随着近些年来我国植树造林的项目不断推进，森林面积相较之前有了极大的提高。但是森林资源却相对较少，加之我国的人口数量较大，人均资源较少，我国的森林资源分布不均匀，主要的森林资源都在我国的东北部地区，此外，加上森林的质量并不是十分优秀，这就使得森林竞争力度并不是十分强。而在近些年来，随着我们国家的积极推广，林业中植树造林成了主要的森林资源。

2.森林的培育工作较为落后

从我国目前的整体森林资源来看，对于幼林的重视程度较低，很多森林培育工作者对于幼林没有投入较多的精力，对于森林的管理也十分落后，相关的工作人员对于培育工作没有较多的认知，对培育工作的重心并不是十分了解，对于树木的砍伐以及培育时间没有较好的把握，这就造成了森林质量较低，森林得不到可持续的发展，森林资源受到了较为严重的损害。

（二）可持续发展背景下提高生态森林培育工作的途径

1.提高培育幼苗的技术

森林培育工作的重心是对树木幼苗做好一定的培育工作。第一步要先对树木的种子进行处理，由于培育的时间不同，对种子的处理方式也有一定的不同。因此，相关的工作人员要根据培育的季节以及培育的时间对种子做好处理，对不同品种的种子进行分析，找出适合种子生存以及储藏的温度和条件，对种子做好预处理，方便之后育苗工作的进行。第二，在对种子做好处理之后，还要对肥料进行合理的挑选，控制肥料的用量。种子的培育过程中，肥料的合理运用可以在较大程度上促进幼苗的生长，对于幼苗成长为苗木的过程有一定的推动作用。如果对于肥料的用量以及肥料的品种没有过多的分析，随意使用，可能会造成幼苗的死亡，对于培育工作来说极为不利。因此，在幼苗成长的过程中，要对苗木的成长情况以及生长环境做出正确的分析，合理选择苗木的肥料品种以及肥料的用量，最大程度提高苗木的成活率，提高森林的质量。此外，还要对施肥的过程进行严格的把控，要严格遵照树木的实际情况进行施肥，在保证树木健康成长的前提下，将成本降到最低，相关的工作人员在分析育苗的环境之后，可以考虑实施滴灌技术，减少浪费。

2. 提升施肥技术水平

幼苗在成长的各个阶段都会呈现出不同的状态，因此，相关的工作人员要根据树木的不同状态，合理分配肥料的用量以及施肥的时间，对其进行严格的监控，确保幼苗在成长的过程中可以得到充足的肥料。对肥料进行监测的过程中，工作人员要从幼苗期间对其进行严格的监控，提高施肥的质量，确保苗木可以健康成长。除此以外，工作人员还要对苗木的培育方式进行合理的选择，以期能够得到质量较高的苗木。

3. 科学地管理林木

在对树木进行种植后，要对树木周围的环境进行及时的清理，对枯枝烂叶、腐败的草本植物以及枯死的一些植物进行及时的清理，防止出现占用过多的环境空间，导致树木的生活环境恶化，造成树木的死亡现象，保证树木生长过程中的阳光、水分等。其次，在对树木种植后，要对树木的土壤进行定期的松土，确保土壤中有足够的氧气，供树木生长；对土壤的养分进行及时的监测，对缺失的养料进行及时的补充，供树木生长。对树木的枝叶进行定期的修剪，防止出现"生长竞争"的现象。对树木进行定期的病虫害检查，进行定期的驱虫。不同地区的环境以及生态系统不同，应根据当地土壤质量和环境，制定一套森林经营实施办法。不同树种有不同的生长周期规律。因此，我们需要不断采用各种科学的生长技术，保证它能满足整棵树不同阶段的生长需要，保证整棵树的生长质量。优质天然树木的健康生长需要良好的自然环境和科学的资源管理。

4. 科学进行培育

经营技术的合理应用是指在栽种和栽培过程中，要充分遵循自然规律，运用科学的技术手段和科学的栽培方法来管理和栽培树木，植物的自然生长发育过程与外界自然环境因素有很大的关系，如利用土地的自然养分、土壤的养分等。为减少这些树木的影响，必须合理地进行树种选择。另外土壤气候也一定会直接影响各种植物的正常生长，会对树木的培育工作产生较大的影响，例如恶劣的土壤环境可以在一定程度上增高树木感染病虫害的概率。因此，在不同地区进行树木种植时，要对地区的土壤情况进行积极的了解，明确土壤中的养分含量以及水分的含量，制定出具有针对性的树木养护方案。此外在种植树木完成之后，要对树木周围的本土植物进行分析，了解它们之间的生物性质，例如是否存在敌对的状态，对环境中已有的病虫害进行积极的治疗，提高树木培育的质量，实现森林资源的可持续利用和发展。

森林培育工作是森林产业发展的必要环节，对于森林质量的提升有重要的意义。在进行森林培育的过程中，工作人员要不断地加强自身的培育技术，对苗木的选择以及种植，森林的管理和利用等制定好方案，实现森林资源的可持续发展。

二、生态旅游产业可持续发展路径

党的十九大明确"五位一体"的总体布局，以发展全域旅游为抓手，以供给侧结构性改革为主线，加快生态文明体制改革，加快推进农业农村现代化，大力实施乡村振兴战略。随着旅游产业的发展，传统的旅游资源和生态环境遭到了一定的破坏，乡村建设过度城镇化，给旅游产业及生态文明建设带来一定负面影响，影响了乡村的可持续发展。

（一）旅游产业及旅游产业链概述

旅游业是指以旅游资源为依托，以旅游设施为条件，通过旅游服务满足旅游需求，获取经济、社会、环境、文化等多方面效益的综合性经济产业。旅游业的综合性说明旅游是由多元化的产业构成的，建立在一个完整产业链的基础上，旅游业的发展依托旅游产业链的构建和运行，优化产业结构，提高企业的竞争力，旅游产业链是发展旅游业、促进区域旅游经济增长的重要保障[27]。

旅游产业融合是旅游业和其他产业或行业之间，或者旅游产业内不同行业之间相互渗透、相互交叉、相互融合，产生新的产业形态的过程。产业融合在产业价值链的价值再造、政府引导区域经济增长、企业战略管理与发展等方面发挥着积极作用。传统的旅游以单一的观光旅游为主，随着社会的发展，人们对美好生活的需求日益增长，旅游业的发展由单一化转变为多元化。

（二）生态旅游产业链存在的问题

1. 基础设施建设不足

首先，交通线路和交通工具的建设不足。旅游目的地内部交通线路是游客游玩的重要交通保障，很多景区内部的道路过于狭窄，人行道和车行道路没有分离，导致旅游期间出现踩踏事件或者人车拥堵的现象。旅游目的地的外部交通线路也非常重要，直接决定游客能否顺利到达景区，特别是外地游客搭乘公共交通，无法在短时间内到达景区。还有景区之间的交通线路和交通工具的建设不足，由于景区景点具有独立性，比较分散且相隔较远，若没有直达的交通

[27] 乔银. 中国旅游产业链存在的问题及发展对策研究 [J]. 商业经济，2014（09）：63-64.

工具，将使游客产生对景区不满意的情绪。

其次，旅游目的地的服务配套建设不完善，酒店、购物中心、大型超市等商业配套设施不足，没有夜生活街区，游客找不到娱乐和购物的场所，降低了留宿率。

最后，旅游目的地的城市建设、商业建设、公共设施不完善，导致游览、休息、住宿、就餐等不够方便快捷，公共服务设施缺失。

2. 缺少可持续发展的理念

传统旅游以观光游为主，绝大部分旅游景区在自然资源丰富的乡村，这也是全国掀起乡村旅游热潮的重要区位条件。目前乡村发展落后、人才稀少、农民教育投入不足等问题阻碍了乡村旅游发展，这也是导致乡村旅游产业发展滞后的根源。

一方面，乡村旅游业的经营者多为本地村民、村干部等，他们的教育水平有限，不管是对乡村建设和发展，还是对乡村资源和生态保护的认识都有一定的局限性，视野不够开阔，缺乏对绿色农业、资源保护以及农村一、二、三产业长远发展的统筹规划思路。

另一方面，负责农村地区旅游产业的旅游部门体制不完善，管理机制不健全，旅游产业建设缺乏统一领导和有效管理，且没有长久发展的规划和理念，资源开发过度、占地建房，严重破坏生态环境，影响当地旅游产业的发展。

3. 区域内旅游目的地之间流动性不佳

同一区域的多个景区在空间上是分散的，这些分散的景区只能通过道路和交通完成相互之间的流动，使游客在一定时间内完成观光和体验。全域旅游，目的在于通过旅游产业促进经济的发展，使旅游业成为地区发展的支柱产业，很多地区在发展和建设旅游目的地的同时，忽略了区域内各景点之间的联系，导致区域内旅游产业链的发展不成规模，没有获得经济发展的预期效果。很多旅游目的地的产业服务类型和特色雷同，严重阻碍了旅游产业链各个节点的良性发展，形成同行业多个企业之间的恶性竞争，影响了整个旅游产业链的经济收入。

（三）生态旅游产业可持续发展的建议

1. 推进农业供给侧结构性改革

2016 年年底，《中共中央、国务院关于深入推进农业供给侧结构性改革加快培育农业农村发展新动能的若干意见》发布，目的是深入推进农业供给侧结构性改革，加快培育农业农村发展新动能[28]。

近年来，我国农村经济发展不平衡、生产要素配置不合理、生态环境破坏严重、外出务工农民数量庞大、农民收入低、农村面貌落后等问题显著，农村农业发展亟须改革。可持续发展应该以发展绿色农业为基础，提升生产技术，提升农产品产量与品质，保障食品绿色环保、健康和安全，保证农产品、旅游商品的销售与服务符合不同层次游客的需求。

2. 延伸旅游产业链发展

传统旅游的"门票经济"依然是主要经济来源，这种经营模式在很大程度上制约了旅游景区的经济发展，特别是旅游产业链中商业和新型服务产业的发展。旅游产业链的发展应该以景区景点的特色为主，带动周边产业发展，利用成型的旅游资源进行产业链延伸，可涉及旅游地产、农业观光、文化创意、科技医疗、教育、演绎等相关产业。采用"旅游+"融合发展的模式，加强旅游业与农业、工业、新型服务业的深度融合，从传统旅游业以外的其他产业中获取收益。旅游产业链延长能够解决区域旅游经济发展不平衡的问题，增加产能输出，产业融合是全域旅游发展的重要手段，能够打破传统各产业单一盈利模式，提高旅游业与农业的融合效率，重点培育旅游产品制造企业，推动旅游业与新型工业的深度融合，实现旅游产业链的综合发展[29]。

3. 强化公共交通基础设施建设

公共交通设施建设是提升旅游景区经济效益的关键。公共交通主要包括民航、铁路、公路三大运输系统。游客需要通过这三大运输系统到达旅游景区，公路、铁路和民航的运输能力是推动全域旅游发展的关键。以保护生态环境为前提，从游客的角度出发，构建发达、完善的外部旅游交通系统，如公路、飞机场、高铁站、悬挂式轻轨等大型公共交通，根据游客数量及淡、旺季情况来调整旅游公共交通的建设规模、运营时间及维护等投资成本。然后对旅游景区内部交通系统进行升级改造，方便游客全方位体验旅游项目，将游览和商业紧密结合，延长游客的行程，促进沿线旅游产业链商业经济效益的增长和企业的发展。

4. 加强信息化技术的应用

伴随5G时代的到来，信息化技术广泛应用于全产业链发展，大数据、云

---

[28] 张婷婷. 农业供给侧结构性改革的金融支持研究：以黑龙江省为例[J]. 中小企业管理与科技（下旬刊），2018（07）：62-64.

[29] 孙启明，方和远. 经济全球化背景下旅游国际化发展路径研究[J]. 理论学刊，2019（02）：63-70.

计算、智能识别系统等先进技术的应用加快了旅游产业的发展。全面推广和应用 IPv6，提升移动互联网的服务质量，实现交通、餐饮、酒店、医疗等方面的智能化发展，打造智慧旅游生态环境。旅游产业的品牌宣传和推广依托先进的互联网技术和新型媒体的应用，旅游产业的发展要遵循"以人为本，科技先行"的理念，将特色品牌打出去，提升旅游景区的品牌价值和商业价值。

旅游产业的可持续发展以绿色农业、产业多元化、技术信息化、生态资源合理开发、法律法规保障、可持续性规划为前提，以全域旅游为目标，以绿色农业为基础，保护有限的生态资源，优化旅游景区产业结构，促进产业融合发展，打造健康、持久的旅游产业[30]。

三、生态农业可持续发展路径

十九大报告明确指出，要"实施乡村振兴战略"，"生态"一词成为农业农村发展的新标准。生态农业经济作为今后农业经济发展的新标杆，农业"绿色发展""生态化""可持续性"的理念被提到了新的高度。

（一）生态农业发展的基本模式

生态农业在经济发展中要坚持"生态环保、安全高效、资源节约、低碳循环"这四个基本原则。要提高农产品的质量，农产品的生产、经营、管理不能再走过去的老路，要规范、科学管理，创新农业技术，在发展绿色农业的同时要注重保护生态，农业发展坚决不能破坏环境。现在，生态农业发展模式很多，常见的有以下两种模式。

1. 循环模式

是一种按照生态系统中物质循环和能量流动的规律而设计的一种良性循环的农业生态系统。通俗来讲就是，人类在生产的过程中，上个生产环节的产物可以变成下个环节的原料，废物可以循环利用，使用这种模式的好处是可以减少浪费，能够重复使用资源。

2. 景观模式

这种模式利用自然空间的层次结构，不同海拔、不同的空间环境组分，造就不同生物种群。最大的优点是采用纵向的空间布局，节省土地，通过物质和能量的多层次转化手段，达到资源利用最大化。常见的案例如：四川省的"山顶松柏戴帽，山间果竹缠腰，山下水稻鱼跃，田埂种桑放哨"，广东省的"山

[30] 王淑华. 论河南旅游产业的可持续发展 [J]. 工业技术经济, 2002（05）：50-51+61.

顶种树种草，山腰种茶种药，山下养鱼放牧"等。

（二）生态农业发展现状

受传统耕作方式的影响，我国农业一直都实行着粗放式管理模式，在一定时期内起着积极的作用，但随着我国对外开放的深入，依靠自给自足、靠山吃山的生产模式因其自身的弊端，加上科技含量不高，逐渐拉大了我国与其他国家的农业发展差距。为了促进新时期农业经济的可持续发展，需要转变生产观念，完善农业生产模式，促进农业生产活动的稳固发展。

（三）我国农业生态与经济的可持续发展路径

经济不断向前发展，国家社会发展战略也在不断调整，从注重经济发展速度逐渐向着实现经济高质量发展的目标转变，国家在新形势下对生态环境保护方面的重视程度和监管力度不断加大，为进一步加强农业经济与农业生态协调有序发展提供了重大的支持。

但是可以看到在农村经济发展过程中目前依然还存在一些不足，影响了生态环境，如何推动农业生态与农业经济协调发展，实现国家可持续发展的战略目标，成为当前摆在农业相关部门面前的一项重大研究课题。加强可持续发展视域下农业生态与农业经济协调协调发展的现状与路径探究，具有重大而深远的社会意义[31]。

1. 加强农业生态与经济协调发展的重要意义

随着国家经济社会发展水平不断提高，国家也逐渐认识到生态保护、生态效益的重要性，为此提出了推动经济实现高质量发展的转型目标。农业可持续发展的重要动力是实现农业效益的持续提高，只有在生态经济大环境下加强技术、劳动要素等各类资源的统筹调配和利用，全面实现资源的优化整合和循环利用，才能更好地推动农业高效全面发展。

加强农业生态与农业经济协调发展，也有利于不断提升农民的幸福感和获得感。农业生态效益只有实现持续提升，才能更好地打造良好的循环系统。如果生态环境受到破坏，农民生活的环境发生变化，那么他们的幸福指数也会不断下降。所以积极探索农业生态与农业经济协调发展新路径，倒逼农村建设者在经营管理、协同发展、民生服务等方面进行进一步创新探索，从而更好地适

[31]　周长霞.可持续发展视角下我国农业生态与农业经济的协调发展路径探索[J].山西农经,2020（08）: 62+64.

应农业供给侧结构改革的新形势，全面提升农民的生存质量和幸福指数[32]。

2. 农业生态与经济协调发展探索中遇到的问题

当前在农业生态与农业经济协调发展探索的过程中依然还存在一些困境，具体表现在以下几个方面。

（1）技术扶持力度不够

无论是发展农业生态还是发展农业经济，都需要强大的技术支持，当前正处于农业产业结构调整的关键时期，所以应当加强新技术要素的融合，才能更好地实现现代化发展。但是目前生态农产品发展规模不断扩大、产品类型日益多样化与农业生产技术支撑力量不足之间存在较大的结构性矛盾，生态农产品依然没有实现精细化加工和创新营销。

另外，在相关的技术人才配置等方面也比较单薄。人才成长发展缺乏良好的环境支持，从而导致人才流失、动力不足等。

（2）农民文化水平和素养有待提升

农业生态和农业经济协调发展，需要依靠广大农民的全力支持，但是目前农民文化知识水平偏低，在农业生产以及技术的推广应用等方面科学意识不足，观念比较守旧，对市场分析研判不足，农业生态化发展理念树立不牢固，从而导致在农业生产以及农产品加工营销等方面没有始终从可持续化发展的角度来进行研究和分析，相关农村基层技术服务部门的服务指导职能发挥不到位。

此外，地方政府在农业生态化发展等方面缺乏完善的配套扶持机制，相关的考核体系也不够完善，依然比较注重农业效益方面的考核评价和发展速度的衡量，政绩观存在偏差，在产业链战略发展等方面缺乏前瞻性和发展魄力，从而不利于推动农业生态与农业经济协调有序发展。

3. 加强农业生态与经济协调发展的路径

为了全面实现可持续发展的战略目标，积极推动农业生态与农业经济协调发展，建议从以下几个方面进行探索。

（1）加强技术要素的投入与支持

要围绕科技兴农来进行深入探索，分析目前制约农业生态与农业经济发展的问题或者因素，在科技领域不断优化创新。

一方面要紧密结合新的发展形势，优化农村投资环境，吸引更多有实力的

---

[32] 王敬芳. 可持续发展视角下我国农业生态与农业经济的协调发展路径探索 [J]. 农业开发与装备，2020（01）：26-27.

组织到农村投资和发展，出台更多的优惠政策等开展招商引资，为农产品加工与营销以及特色农业品牌的打造提供更多的资金扶持[33]。

另一方面要加强人才兴农战略的实施，进一步完善引进人才到农村发展的机制，加强人才规划的制定，优化用人环境，提高农业人才的福利待遇等并完善人才流动机制，从而培育更多的热爱农村事业的高科技人才和高素质企业家。

（2）加强政策宣传引导，不断提升农民素质

政府要围绕新政策的实施等进一步加强政策的宣传推广，积极运用现代信息技术等为农村劳动者提供更多的信息支持，改变他们的思想观念。同时要围绕加大科技力量投入和农村队伍建设等进一步为农业发展提供更多的技术指导和服务，坚持市场导向，完善政府服务，在农村产业化发展以及品牌建设等方面提供更多的指导支持。强化农民生态意识培育，引导他们积极参与到环境保护以及生态农业发展探索中来，更多地发挥聪明才智共同推动社会主义新农村建设。

（3）强化政府推动，全面打造综合发展体系

要完善考核评价机制，将农业生态与农业经济协调发展作为综合性考核指标来进行全面考核，积极将生态环境指标等作为重要的考核依据来进行评价。同时要坚持区域协调发展的战略导向，因地制宜，根据不同地区实际等，引导农村建设者进一步拓展农业功能，培育更多的农业优质品牌，打造农业示范区，发展果蔬、肉类、粮油、药材、旅游等更多的发展项目，加快项目审批速度，注重品牌宣传，从而实现更大的效益。

总之，农业生态与农业经济协调发展需要从战略的角度基于可持续发展的视角进行深入探索和科学探究，并结合农村地区实际找出目前发展中遇到的困境进行创新完善，这样才能更好地推动农村地区实现持续高效发展。

[33]　聂继东，郝延军．农业生态经济发展模式与策略探究[J]．现代商业，2019（22）：57-58.

第五章 现代环境保护与可持续发展战略的关系

环境保护是我国的一项基本国策，是人类为维护自身的生存和发展，是研究和解决环境问题中进行的各种活动的总称。可持续发展是既满足当代人的需求又不损害后代人满足其需要能力的发展他强调不同地区，不同时代的人们享有平等的生存和发展机会。为了可持续发展，环境保护应该作为其发展进程的一个整体部分，两者不能脱离。可持续发展非常重视环境保护把环境保护作为它积极追求实现的最基本目的之一，环境保护是区分可持续发展与传统发展的分水岭和试金石。本章包括可持续发展的实质、环境保护与可持续发展战略的关系、环境保护在可持续发展中的必要性分析三部分，主要内容包括：可持续发展的主要内容、环境建设是实现可持续发展的重要内容、环境保护在可持续发展中的必要性。

第一节 可持续发展的实质

一、可持续发展的内涵

可持续发展的内涵十分丰富，但是都离不开社会、经济、环境和资源这四大系统，包括可持续发展的共同发展、协调发展、公平发展、高效发展和多维发展五个层面的内涵。

（一）共同发展

整个世界可以被看作一个系统，是一个整体，而世界中各个国家或地区是组成这个大系统的无数个子系统，任何一个子系统的发展变化都会影响到整个大系统中的其他子系统，甚至会影响整个大系统的发展。因此，可持续发展追求的是大系统的整体发展，以及各个子系统之间的共同发展。

（二）协调发展

协调发展包括两个不同方向的协调，从横向看是经济、社会、环境和资源这四个层面的相互协调，从纵向来看包括整个系统到各个子系统在空间层面上的协调，可持续发展的目的是实现人与自然的和谐相处，强调的是人类对自然有限度的索取，使得自然生态圈能够保持动态平衡。

（三）公平发展

不同地区在发展程度上存在差异，可持续发展理论中的公平发展要求我们既不能以损害子孙后代的发展需求为代价而无限度的消耗自然资源，也不能以损害其他地区的利益来满足自身发展的需求，而且一个国家的发展不能以损害其他国家的发展为代价。

（四）高效发展

人类与自然的和谐相处并不意味着我们一味以保护环境为己任而不发展，可持续发展要求我们在保护环境、节约资源的同时要促进社会的高效发展，是指经济、社会、环境和资源之间的协调有效发展。

（五）多维发展

不同国家和地区的发展水平存在很大差异，同一国家和地区在经济、文化等方面也存在很大的差异，可持续发展强调综合发展，不同地区根据自己的实际发展状况出发，结合自身国情进行多维发展。

二、可持续发展的实质

可持续发展观是新生的发展观念，它非常全面也非常具体，那么它的实质是什么呢？这对这个疑问，研究者们把传统发展观和可持续发展观做比较，这样做可以帮助人类清晰地理解可持续发展观的实质。

龚胜生指出：可持续发展的本质在发展观念、过程、方式、结果上看是一种创新的发展思想，他具有变革的发展观念、发展道路也独具一格、发展模式超越了从前、发展结果更是未来可期。

（一）认知层面：一种全新的发展理念

人类之前的发展观念是自私的，人们只关心发展经济带来的好处，没有关心人类自身的发展，人们只看到眼前的利益，被当前的利益所迷惑，人们只在乎当代人利益，没有思考过子孙后代的利益，这是非常狭隘的发展观念。可持续发展观是人类历史上一次伟大的尝试，是人类思维方式的探索。

①可持续发展是一种以人为本的理念。《人类环境宣言》指出："世界一切事物中，人是第一宝贵的。"人是所有事物的起源，没有人，做任何事都无从谈起，世界上还有很多贫困人群，有的还挣扎在温饱的边缘，有的被疾病缠绕，可持续发展的目标就是要帮助这些人消除贫困，远离疾病，帮助他们拥有健康的身体。

②可持续发展是一种人地和谐的发展理念。众所周知地球资源分为可再生资源和不可再生资源，可再生资源的生成周期也是非常漫长的，不可再生资源使用完了就没有了，所以人类要节约使用自然资源，人类在发展过程中不可避免要使用自然资源，可持续发展能更好地制约人类使用自然资源的数量。

③可持续发展是一种社会公平的发展理念。当今世界发达国家和发展中国家存在不公平发展的问题，发达国家过于垄断资源，向发展中国家转移污染，损害了发展中国家的利益；当代人过渡发展损害后代人的利益，这是极不公平的，可持续发展就是倡导公平发展的一种观念。

（二）实践层面：一条崭新的发展道路

人类之前运用传统发展方式来发展经济，对发展投入的成本非常大，大量浪费资源，但投入和产出不成正比，走的是"先发展，后治理"的老路，和传统发展方式不同的是，可持续发展走的是精细路线，是具有创新理念的路线。

①可持续发展是一种长远发展之路。《我们共同的未来》指出："可持续发展是一条一直到遥远的未来都能支持全球人类进步的新的发展道路。"它已经为人类未来的道路做好了铺垫，人类不需要再彷徨，只需要按照这条道路坚定不移地走下去就可以。

②可持续发展是一条协同发展之路。可持续发展要求达到人与大地、区域、国家共同和谐发展的程度，它以人与自然、人与人之间和谐发展为最高宗旨。

③可持续发展是一条科学发展之路。科学技术对于可持续发展具有强有力的支撑作用，在发展的过程中，科学技术绝对是关键的核心因素，高水平的科学技术可以有效解决人类在发展过程中产生的这样或那样的问题，为人类提供必要的科学帮助，所以，人类发展离不开科学技术，也离不开科学技术创造的价值。

（三）发展方式：一个创新的发展模式

从古至今，社会发展越进步，文明的程度也就越高，到了当今社会，文明程度已经很高了，能否把文明程度发展推向另一个高点呢？人类想出的办法是坚持可持续发展，它把人类从工业文明带到了生态文明。

①可持续发展是一种综合发展模式。可持续发展强调整体化发展，它是一种系统性的思想，它始终以环境、自然为基本出发点，它是人类面对未来社会更好生存的伟大构想。

②可持续发展是一种系统发展模式。它推动国家节约资源，改变粗放地生产模式，严格要求企业实行节能减排，号召国民理性消费，使国内经济向着良好的循环模式发展，实现人民幸福、社会安定的宏愿。

③可持续发展是面向未来和全球的发展模式。它是193个成员国共同发起的倡议，从理论层面来说，它面向的是全球多数国家，从信用层面来说，这是一份约定，每个成员国都要为自己的行为负责，应矢志不渝地配合联合国把可持续发展落到实处；对于未来，世界上只有一个地球，人类一定要保护它、爱护它，所以它指引着人类未来的发展方向。

三、可持续发展的主要内容

（一）基于经济层面的可持续发展

经济可持续是可持续发展的核心内容。爱德华 B. 巴比尔（Edward B. Barbier）认为建筑可持续发展是指在不断提高经济效益的同时，能够保证自然资源的合理以及自然环境的保护；也有学者认为可持续发展是指"既能保证今天经济的持续发展，又不能消费未来的资源环境"。可持续发展与传统粗放式发展存在一定差异，强调发展是以不牺牲生态环境为前提。

（二）基于社会层面的可持续发展

社会可持续发展是可持续发展的最终目标。可持续发展是指"在不断提高人们的生活质量的同时，不能挑战自然环境的承受力"，强调可持续发展的目标是实现人类社会的协调发展，提高生活品质，创造美好生活。只有保持发展与自然承载力之间的平衡，才能促进社会不断向前发展。

（三）基于资源环境层面的可持续发展

资源环境可持续发展是可持续发展的基础和前提。可持续发展是"在维护现有自然资源、不超过环境承载能力的基础上，不断增强大自然为人民服务的能力和自我创造能力"，在资源领域强调一定要保持好资源开发强度和资源存量之间的平衡关系；在环境领域强调经济效益的不断提高不能以增加环境成本为代价。有学者认为资源环境可持续发展就是保证生态环境的保护以及自然资源的可循环利用，最终使经济、社会、自然环境得以实现共同可持续发展。

（四）基于技术创新层面的可持续发展

技术可持续发展是可持续发展的手段。技术可持续发展是指"通过技术工艺和技术方法的不断改进，在增加经济效益的同时，可以实现环境和资源的可持续"。在技术层面，可持续发展是指通过技术体系的创新，不仅要提高生产效率，还需减少污染物排放对资源的消耗和环境的破坏。

第二节　环境保护与可持续发展战略的关系

一、环境建设是实现可持续发展的重要内容

当今社会的高速发展越来越离不开环境与资源的支持，过去人类并未意识到环境的重要性一味谋求发展已经尝尽苦楚，所幸现在人类已经有所意识。良好的环境建设不但是实现可持续发展的重要内容，更可以为发展提供更好的经济效益。好比沈阳建筑大学的稻田校园，利用农作物与当地生态环境，用最经济的方式营造校园环境，打破了原有的校园建筑特点，让农业景观成为校园景观，在原有的环境基础上，花费最少的投资成本，建筑最合适的艺术景观[34]。

二、可持续发展是实现环境保护的重要措施

可持续发展要求改变传统发展模式，尽可能做到多利用，少排放；少投入，多生产。改变传统的生产、消费方式，发展科学技术，节约能源损耗。每个人都拥有享受美好环境的权利，相对而言，保护环境也应该是每个人的义务。可持续发展还要求每个人都有环境保护意识，改变对公共环境的态度。建立人与自然和谐共处的概念，自觉遵守文明行为，将自然环境看作是每个人自己的事情，从自身出发保护环境。

---

[34]　康乐．环境保护和可持续发展的关系 [J]．绿色科技，2015（06）：224-225.

三、环境保护与可持续发展相互影响相互制约

坚持执行可持续发展，正确处理环境问题，促进人与自然和谐共处，才能更好地保护环境，解决环境污染问题。而要实现环境保护，可持续发展又是其不可缺少的重要措施。两者相互影响，为社会建设良好的生态环境，实现国家经济与自然的协调发展。

第三节　环境保护在可持续发展中的必要性分析

一、环境保护概述

（一）环境的定义

在一般意义上，环境是指相对于主体并与主体相互作用的外围世界。在不同的学科体系下，由于研究关注的主体存在差异性，因而环境的内涵与外延也会有所不同。比如环境科学中的环境是指以人类为主体的外部环境，其中个体层次上的环境为局地环境，全人类层次上的为全球环境，介于两者之间的为区域环境；而在生态学中，环境主要是以生物为主体的外部环境，包括生物环境与非生物环境。

我国新环保法根据实际工作需要，将环境界定为影响人类生存和发展的各种天然的和经过人工改造的自然因素的总和。本研究主要采用环保法中的定义，案例中所涉及的环境也主要表现为自然生态环境和人居环境。环境具有双重功能，即满足人类生存需要的生存性功能和承载人类活动的生产性功能，随之也给人类社会带来两种不同类型的环境权益——"生存型环境权益"和"生产型环境权益"，而环境问题从本质上而言便是"生产型环境权益"对"生存型环境权益"的挤兑。

（二）环境保护面临的挑战

1. 公众环保意识不强

环境保护其实事关每一个人，公众的环保态度其实在很大程度上决定了环保的成效。但是由于我国的环保宣传力度不够以及环保措施不到位等问题，导致我国公民对环保事业的不关注，其行为也会有所缺失。

随着经济的发展，科技的广泛应用使现在的生活越来越便利，人们出门更喜欢打车而不是走路，人们更喜欢打印而不是手写等，又比如现在的人们喜欢使用塑料制品，但我们知道塑料的降解需要300年，如果填埋会使土壤环境恶化，影响农作物对水分养分的吸收；如果焚烧会释放出有毒气体，影响空气质量及身体健康；如果流入水中会污染水质，人们误食会严重损害身体健康。因为人们在很大程度上觉得环保事业跟自己并无太大的联系，也很少会要求自己的行为，在生活上追求享乐之风，在消费上追求奢靡之风，流行拜金主义，对环境保护的责任感不强，导致了浪费太多，造成了资源紧张。除了公众环保意识不强烈之外，各个学校对环保的宣传力度不够，导致人们对环保事业不重视。

2. 生产方式与环境保护矛盾突出

无论是对于一个国家还是对于一个企业来说，在当今形势越来越严峻的情况下，要想在这个充满竞争的世界中获得稳步发展，就要实现经济的不断增长。而在这种市场经济的影响下，从企业到个人，都逐渐形成利益至上的思维理念，错误地认为经济利益是第一位的，认为生态环境是可以被破坏的，这样的思维理念导致大量的生态资源被浪费、被丢弃、被破坏。

比如，一些企业在生产产品的过程中，受到利益的驱使从而进行违规生产，全然不顾资源的状况，既损坏了产品的质量，又影响了工人的健康。这种没有社会道德的企业行为严重危害了社会，也严重破坏了自然资源，导致生态环境变得岌岌可危。

现如今，我国在追求实现社会主义现代化的过程中，经济增长方式已经从粗放型转变为集约型，但是造成的生态损失并没有立马消失，因为保护环境的成效存在滞后性，生态环境并没有得到马上好转，甚至还在不断恶化中，这些状况都给建设美丽中国造成了一定的难度。

3. 法律制度不完善

当前我国环保法律制度还不够完善。我国东西部资源配置不均，和一些发达国家比较，生态环保建设起步较晚，存在着一些不足之处。

（1）国家给予的环保奖励政策和处罚力度不够

一方面，无法给企业提供优惠的相关政策和技术支持，企业自身既负担不起能处理废水废气的设备，自身又无法创新研究出新的环保项目，只能注重经济效益而忽视社会效益；另一方面，一旦生态遭到破坏，多以罚款为主，行政处罚的较少。

（2）环境监管和执法效率低下

"由于监管主体和职能上的过度分散，使得环境管理体制缺乏较为系统性地调节作用，继而造成生态环境监管的难度增大。"相关部门不完善，各个部门之间不相关、不联动，无法进行配合，导致执法过程缓慢，一些生态遭破坏后搁置时间长便无法追责，无人认领，甚至一些部门和企业之间存在着利益关系，比如某地环境遭到破坏后，各部门之间就开始推脱责任，出现"踢皮球"的现象。

（3）生态文明评价系统存在漏洞

"现行体制下，基层环保部门从属于地方政府，不能挺直腰杆独立执法，致使监管难到位，环评也多形同虚设"，出现假评分的现象，不真实不严谨的后果导致已出现问题的现象被忽略。

（4）科学技术的限制和信息的滞后性

环境检测系统存在滞后性，造成生态环境被破坏后才会被发现，相关部门不能及时做出处理。

（5）部分公职人员环保意识淡薄

在工作过程中出现执法不到位不严谨的现象。

4. 社会环保措施不到位

虽然现在有各种形式多样的环保讲座，环保组织，但这些措施都远远不够，而且"生态环境类公益性社会组织发育不全。全国环保公益组织仅3000家，其中注册登记的不足千家，在维护公众环境权益方面发挥作用仍然微不足道"。一些城市的主干道上整齐干净，但在其他的马路上却看不到几个垃圾桶，环卫工人的工作量巨大，垃圾分类箱投放不到位，一些环保基础设施配置不高，这些都是环保硬件上的硬伤，这些问题也会导致人们对环保事业的有心无力。

（三）环境保护的措施

1. 树立良好环保意识

一是完善各级学校环境保护教育体系，推动环境教育在各级学校蓬勃发展，并向规范化和制度化方向发展，以培养和提高人们的环保意识。二是广泛开展环境保护实践活动，营造珍爱环境的良好氛围。三是调动社会各方面的力量，充分发挥机关、学校、单位、社区等各级组织及舆论媒体的宣传导向作用，深入群众，以社区为单位开展环境宣传教育，大力宣传环境保护的意义，使人们认识环境问题的危害性，增强环境保护的责任感和使命感。

2. 健全环境治理法规政策体系

完善法规体系，加快大气、水、土壤污染防治等方面的地方立法进程；严格执行环境保护标准，加强标准实施信息反馈和评估；加强财税支持，完善金融扶持，落实好促进环境保护和污染防治的各项优惠政策，促进经济社会可持续发展。完善企业环境信用及生态环境损害赔偿制度，研究提出符合地方城市发展的生态环境方面的法律法规，更好地推进生态文明建设，促进经济社会可持续发展。

3. 健全环境治理监管体系

完善监管体制，完善相关部门污染防治和生态环境保护执法职责，建立市生态环境综合执法队伍；加强司法保障，建立完善信息共享、案情通报、案件移送制度，推动行政执法与刑事司法有序衔接；强化监测能力建设，加快建立海洋、土壤、地下水环境监测体系。

4. 加强环境信用体系建设

一是加强分级监管。开展年度企业环境信用评估工作，将城镇污水处理厂、化工、涉重、铸造等重点行业列为评估对象，分省、市两级进行信用评估。

二是强化结果运用。全面运用评价结果，向信用部门通报，实施联合奖惩，对环保警示企业，加大执法监察频次，从严审批各类环保专项资金补助申请。

三是规范环保市场。加强对环境服务机构的分类管理，对开展环境检测业务的第三方机构开展摸底调查和征信工作，并抽查检测机构，不断加强环境信用体系建设。

5. 推动环境治理工作落实落地

加快构建党委领导、政府主导、企业主体、社会组织和公众共同参与的现代环境治理体系，推动实现政府治理和社会调节、企业自治良性互动，为实现高质量跨越式发展提供有力保障。

强化绩效考核，严格督查问责，对在落实生态环境保护责任过程中不履职、不当履职、违法履职、未尽责履职等产生严重后果和恶劣影响的单位和有关责任人，依法依规依纪进行责任追究。

（四）提高环境保护质量的策略

1. 充分尊重生态环境保护的客观规律

生态环境问题的出现，既有自然地理影响因素，同样也与人类活动作用的经济社会因素紧密相关。而自然对经济社会影响、经济社会自身、经济社会对自然影响均呈现一定的规律特征。要把握农业空间布局、胡焕庸线、自然地理格局下的城市空间结构、资源依赖型产业空间布局等自然对经济社会影响规律，顺应经济发展阶段及其表现的工业化、城镇化规律为代表的社会发展阶段规律、综合经济社会作用的空间发展规律等经济社会自身规律，遵守以环境库兹涅茨曲线为代表的经济发展对于自然环境影响规律，强化国土空间规划和用途管控，较好规范人类活动和保护自然空间。进一步统筹自然、经济和社会发展规律的认识和运用，掌握分区域生态环境规律性表现、与生态环境问题关联的经济社会内部原因、特定区域污染状况内生演变态势等，加强生态环境保护的针对性和预防性应对。

2. 持续推进生态环境保护各项任务

加快推动绿色低碳发展，强化国土空间规划和用途管控，促进生产生活方式全面绿色转型。持续改善环境质量，深入打好污染防治攻坚战，继续开展污染防治行动，加强细颗粒物和臭氧协同控制，基本消除重污染天气，治理城乡生活环境，基本消除城市黑臭水体，加强危险废物医疗废物收集处理，重视新污染物治理，积极参与和引领应对气候变化等生态环保国际合作。

提升生态系统质量和稳定性，推行草原森林河流湖泊休养生息，构建以国家公园为主体的自然保护地体系，加强大江大河和重要湖泊湿地生态保护治理，实施生物多样性保护重大工程，实施好长江十年禁渔，科学推进荒漠化、石漠化、水土流失综合治理，开展大规模国土绿化行动，加强全球气候变暖对我国承受力脆弱地区影响的观测。全面提高资源利用效率，加强自然资源调查评价监测和确权登记，实施国家节水行动，提高海洋资源、矿产资源开发保护水平，加快构建废旧物资循环利用体系，推行垃圾分类和减量化、资源化。

3. 统筹推动生态环境治理亲和精准可持续

在掌握规律、科学研究的基础上，实施差异化环境保护政策，能够较好兼顾经济社会发展和生态环境保护。目前，京津冀、长三角等区域秋冬季大气污染综合治理攻坚行动中考虑到了差异化的方式，避免了简单化、"一刀切"对产业带来的冲击。"十四五"期间，应根据区域经济社会发展阶段特征，从更大尺度推广差异化方式。对于已经处于工业化后期阶段的地区应强化各项环保目标考核，加大处罚程度；而对于处于工业化中期阶段地区，围绕生态环境严要求主线，同步推进生态环保政策与地区产业改造技术支持、资金投入、项目落地、税收减免、人才支持等政策相结合、协调和促进，帮助客观上正处于环境库兹涅茨曲线高值地区实现绿色发展。强化区域自然地理格局、气象条件研究，动态掌握各地区环境容量、污染物扩散能力，促进生态环境治理从精准化中释放弹性，尽量降低对产业正常运行的干扰。

同时，细化生态环保政策考核体系，并考虑规律性变化和阶段性特征，建立动态调整机制或制定阶段性目标，推动生态环境治理的可持续与可预期。

4. 健全完善生态环境保护体制机制

强化绿色发展的法律保障，推动生态文明领域的基本法制定，加快国土空间规划法、国土空间开发保护法的立法进程，积极开展国土空间用途管制、生态保护红线、自然保护地体系建设等领域的立法研究，修订完善环境影响评价法、自然保护区条例、风景名胜区条例等相关法律法规，不断健全生态环境保护的法律体系。围绕生态环境保护监测、评估、监督、执法、考核等环节建立健全政策标准规范，推动相关标准规范在自然资源、生态环境、水利、农业、测绘、林业、住建、交通等不同系统之间衔接融合，形成全面准确权威的生态环保标准规范体系。

加快推动生态环保的市场化进程，全面实行排污许可制，完善环境保护、节能减排约束性指标管理，健全自然资源资产产权制度和法律法规，建立生态产品价值实现机制，完善资源价格形成机制。

开展常态化生态环保成效评估考核，进一步完善全过程、多部门协同监管体系，强化生态环境保护与纪检监察执法的协调联动，推动建立生态环境安全信息共享机制，为实施高水平的生态环境监管提供基础保障。

二、环境保护在可持续发展中的必要性

（一）地球是人类共同的家园

地球是适合人类居住的唯一场所。地球上有丰富的资源和宜居的气候环境为人类的世代繁衍提供保障，近代以来随着科技的发展以及地球资源的消耗和地球环境的恶化，人们向宇宙开启了对地球以外宜居地的探索。尽管人类对寻找地球以外适合人类居住的星球抱有积极乐观的态度并在不断努力，NASA 艾姆斯研究中心的开普勒空间望远团队负责人娜塔莉·巴塔利亚在寻找适合人类居住的行星过程中分析一批存在希望的行星时说："我想在这一批行星名单中，应该会出现一些位于可居住带上和地球大小相似的系外地球。找到这样的行星是我期待已久的事。"但就目前科技的发展，在可预期的未来找到另一个适合

人类居住的星球可能性还十分微小。因为即便是找到形体大气和地球相似的星球，且假设在该星球上生命能存活将地球上的生物星际移植到该星球，那么距星球上的生态形成结构具有规模且气候变得稳定能达到适合人类居住的条件也是一个漫长的过程。但地球上的资源能源却在被快速消耗照此趋势地球上的主要能源来源——煤、石油、天然气在可预见的一两百年内将会耗尽，有研究者指出：“按目前的开采速度，全球探明的石油、煤炭、天然气储量只能开采53年、113年、55年，合计折合成标准煤1.2万亿吨。”因此，我们需要认清现实，在能预见的地球不可再生资源被耗尽之前的未来，适合人类居住的共同家园只有地球一个。这要求我们在生产生活中和资源能源的开发利用中，考虑到地球的唯一性，树立起对地球的珍惜和爱护的意识，人类才有更长远的未来。

人类彼此之间同呼吸、共命运，环境破坏影响全人类。人类虽然分布在不同国度、不同区域，虽相隔万里但仍存在着某种必然联系。根据著名的“蝴蝶效应”——一只南美洲亚马孙河流域热带雨林中的蝴蝶，偶尔扇动几下翅膀，可以在两周以后引起美国得克萨斯州的一场龙卷风可知：生活在各国的人们彼此影响，并不是孤立的。

此外，随着人类社会的发展，航海时代和工业时代科技发展在交通方面的推广应用加速了地球上各国人民的来往，20世纪90年代后在全球化剧烈浪潮的推进下，地球上的人类联系更加紧密，彼此之间的影响更加密切，通过政治影响、经济贸易、文化融合等方式将世界人民紧紧联系在一起形成“人类命运共同体”共同居住在“地球村”。

在第70届联合国大会上习近平发表讲话指明了当今世界各国同呼吸共命运的关系，并在会上提出了构建“人类命运共同体”的五大支柱：“一是政治上要建立平等相待、互商互谅；二是安全上要营造公道正义、共建共享的安全格局；三是经济上要谋求开放创新、包容互惠的发展前景；四是文化上要促进和而不同、兼收并蓄的文明交流；五是环境上要构筑尊崇自然、绿色发展的生态体。”“人类命运共同体”的形成早已是既成的事实，同时也朝着联系更加紧密的方向发展，大系统命运的好坏关乎地球上的每个人，地球的某一部分遭受灾害，其他区域也将受到不同程度的影响，地球上人类同呼吸共命运的步调一致已经成为不可阻挡的时代潮流。

地球上的生态形成稳定结构经历了漫长坎坷的过程，毁坏之后短期内无法恢复。根据地球上生命进化的研究资料可知：大约在地球形成10亿年后的前寒武纪的太古宙（距今46亿—25亿年）时期地球上开始出现蓝藻类群生命，之后进化出其他最初的海洋生物，“在距今约25亿—5.43亿年的元古宙初期地球上的生命活动范围局限于海洋内，海洋内的藻类及部分细菌通过光合作用制造了大量氧气，从此地球才开始出现具有细胞核的真核生物，比如类水母生物、原始海绵"。地球进入古生代的奥陶纪（距今 4.9 亿—4.43 亿年）所有的生物仍然只生活在海洋里，到志留纪（距今 4.43 亿—4.17 亿年）才开始出现陆地生物，到志留纪晚期动植物才大批向陆地拓展。约在 6500 万年前陨石撞地球的灾难后爬行动物的黄金时期结束哺乳类动物开始迅速进化，约 370 万年前进化出了人类。地球上的生物在进化出人类和创造出适合人类生存的具有丰富生态结构环境的过程不但时间漫长而且过程也是曲折的中途经历了多次生物大灭绝，进化到如今生态结构完善物种丰富的今天实属不易。正因为生物的进化过程漫长而复杂，如果对生态环境的结构造成破坏，进行修复的过程也将是漫长的，尤其是有些环境损害一旦造成则是不可逆的，比如物种的灭绝，这些损害如果积累到一定程度则会严重破坏地球上的生物链毁坏原有的生态结构，其后果将不堪设想。但自近代以来人类为追求经济的发展对生态环境的不当开发利用导致生态环境被破坏发生恶化的迹象逐渐表露，按照人类现有的技术水平即无法再造一个适合人类居住的地球，也无法短期内恢复被破坏的生态结构，那么生态结构的毁坏和环境的恶化迟早会将人类逼上绝路。

（二）山水林田湖草是生命共同体

山水林田湖草，就是一个共同体，这是整体系统思想的体现。自然界本身，就是各自相互依存，相互发展的统一体，人与田、水、山和树，是一个生命共同体；这也解释了生态环境各要素彼此不可分离的关系，必须从多个方面加以入手，大家一起来参加进来。要从整体上对生态文明的建设，进行整体性布局，优化方案，其中政府要起到牵头的作用，鼓励企业与个人去积极地参与，共同来优化生态环境的整治，要强调追究机制，加强监管，这样才能真正做到经济的发展与生态环境的和谐发展，促进社会的进步。

人在这个蔚蓝色的星球上，是一个以破坏者的角色而出现的，人类对于植物及其赖以生存的土壤不断加以肆意的毁坏，致使土地遭到了严重的退化，也威胁到了人类的生存。自然界中的每一种生物，其存在都有一定的必然性；与人类一样，这些生物在自然生态中努力地去生存，这也是其主要的目的之一。而且为了生存的需要，各种生物都会对自然环境本身去做出适应，以达到自身发展的最大化。

比如，对于草本植物来说，为了得到阳光，从而利于自身的生存，它会奋力地去争取阳光，人们会看到一些植物向阳的部分，其枝叶就比较茂盛。人类作为自然中的一员，一定要对自然加以自觉的爱护，这样才能保护好人类的生存；同时，也要统筹好山水林田湖草的协调关系，以达到整体的发展，进而促进人类的未来更好地发展。

（三）绿树青山就是金山银山

要金山银山，还是要绿水青山，要增长还是要生态，好像是一个无解的问题，但是利用绿水青山，就会实现向金山银山的转化。工业化的进程，大量的生产就会产生同等量的垃圾。但是马克思主义哲学辩证法认为，生产力的提升必然引起生产关系的改变，这必然导致经济的发展与生态环境的辩证统一关系。绿水青山就是金山银山这一理论，就是辩证法在实践中运用的典范，也是对当前人类发展趋势的把握。浙江省吉安县的余村，它的发展转型的例子就能够说明问题。

余村为了长远的发展对先前的矿山和水泥厂加以关闭，并不断加强生态环境的建设，发展休闲旅游产业，从而推动了当地的可持续性发展。以前的余村村民，大多在水泥厂上班挣钱；现在，这里的房屋被改造成了小旅馆，村民靠发展旅游业挣的钱比以前还要多得多，发展经济和保护生态环境是相辅相成的，也是有机统一的，这种经验值得大力推广。

"绿水青山就是金山银山"，"绿水青山"是自然资源，也是生态资源，这些资源利用好了，就会转变为社会与经济效益。"绿水青山"，是人民的追求。工业文明时代，人类利用"绿水青山"，对自然界不间断地进行开发，从而取得"金山银山"，在那个时代的人们，一味地追求个人财富，对"绿水青山"是视而不见的，由于这种思想，导致人类与自然的关系日益紧张。生态环境也因此遭到了严重的破坏，人类的生存环境也非常地堪忧。

如今的时代，人类急切盼望摆脱这种恶劣的自然生态环境，从而寻求新的科学技术，希望这能够帮助到人类社会。在这样的情况下，生态文明的理念迅速崛起，这也是解决人类面临的生态危机的最好的思路。

生态危机的出现，也彻底改变了人类的思维方式，人类需要认真考虑经济社会的发展与生态保护的关系，从而使得人类的生活环境能够达到"绿水青山"的境界；当然这是人类对自身发展的反思，从而使得人类在追求上发生了巨大的变化，这对恢复自然的生态十分有利，也对人类的进一步发展有益。在资本主义工业文明时代，人类对物质财富的追求，并且无视大自然的警告，从而导致自然资源的不断枯竭，生态环境也被人为地大肆破坏，导致生态危机不断发生，这些都对人类的生存与发展构成了严重的威胁。最先依靠工业文明发达起来的国家，也最先尝到了生态危机的恶果。

发达国家认识到了工业文明带来的生态环境问题之后，迅速改变了策略，这些国家依靠自身的优势，很快取得了一定的成效，也部分地延缓了自己国家的生态环境危机问题，但是实际上却是将严重污染的产业转移到低水平发展国家哪里，从而将生态危机转嫁到了全球其他国家和地区。只是为了发展而发展，毫不考虑自然生态的后果，这样的发展不仅后劲不足，而且会造成生态的失衡，进而发生生态危机，反而会导致人类的发展迟缓。

如果人类天天在不洁净和空气不好的环境中来生存，这样的伤害会越来越多，人们的生产积极性也会大打折扣。当人类的基本生存遭到胁迫时，生态危机就会导致社会危机。因此有"绿水青山"的时候，就要加大对这种生态环境的保护，从而会迎来"金山银山"；否则的话，只是一味地去索取，而不加以维护，那么"绿水青山"不仅不会有"金山银山"，而可能的结果，则是绿水不在，青山不青，致使大好的"金山银山"白白葬送，并丧失了良好的发展机会，而且这样的例子举不胜举，这应该引起人们的重视，避免此类事件的再次发生。

一味追求经济增长，而忽视了保护自然环境，使人类尝尽了苦头，这要求人类在改造自然界时，要遵守规律，达到人与自然的和谐共处。生态文明是以可持续发展为核心的一种经济社会结构。中国自改革开放后，经济得以飞速发展，但是生态环境问题也随之不断增多。因此要不断对产业的结构加以调整，尽快建立良好的生产结构体系，尽量减少污染环境的产业，加大对清洁能源的支持力度。新时代以来，人们对生活的要求，特别是自然环境被破坏的地方，更是希望"绿水青山"的早日到来。

当然这不意味着要舍弃原本的"金山银山"，来换取"绿水青山"，而是要在发展中，认真加强生态文明的建设。一定要协调好生态环境与发展经济的关系，使二者之间，相辅相成，一起前行。尽力保护好人类现有的美好的自然生态环境，这就要强调绿色经济的发展。绿色发展是建设美丽中国的和谐色。绿色是希望，更是未来，也是人们的期盼。良好生态自身就有着潜在的经济价值，能够为社会发展提供持续的动力。

（四）生态环境是关系党的使命宗旨的重大政治问题

习近平总书记在 2018 年全国生态环境保护大会上提出的"生态环境是关系党的使命宗旨的重大政治问题"的论述，不仅把生态文明建设与党的宗旨相联系，而且将生态文明建设提升到了新的政治高度。中国共产党作为中国的执政党，其主要的宗旨和目标就是为人民服务，然而随着社会主要矛盾的转变，人们生活追求不再是单一的物质需求，人们更加需要有一个良好的生态环境，来满足其生存与发展。因此，加强生态文明建设也成了中国共产党所肩负的重要政治责任。

为了更好肩负起这一重大的责任，就需要充分发挥中国共产党人的领导带头作用，由领头人带领大家共同构建良好的生态环境。此时地方各级领导就成为第一责任人，他们身上所肩负的责任就需要通过实际行动来承担。在工作过程中要实事求是，积极参与到工作部署环节，对于重要的工作问题不假借他人之手，认真落实各项方案和计划。同时对相关部门进行明确的责任划分，避免出现职责盲区，协调各部门积极落实相关规定，依法履行生态建设的相关工作职责，各部门之间进行分工协作，有效地提高工作效率，从而实现协同效益最大化。

党的十九大以来，生态环境部积极推动用最严格制度最严密法治保护生态环境，在制度层面又有了新的进展，相继出台了《中央生态环境保护督察工作规定》《党政领导干部生态环境损害责任追究办法》等党内环保法规，都是对政府和政府工作人员进行监督和管理，保证政府内部人员能贯彻落实党中央下达的有关生态文明建设的相关政策和方针，同时监督和保障地方政府依法管理辖区生态环境质量，进行区域性责任的划分，这一切的工作都是为了实现社会主义现代化强国目标。

因此，在对国家治理的各个方面，我国都提出更高的要求，保证在治国理政的体系上不能留有明显短板。其中人与自然之间的关系是否能够达到和谐共生，则成为党在治国理政中高度重视的领域，正如习近平总书记所强调的，全面建成小康社会是中国共产党对人民的政治承诺，我们所建成的小康社会不仅仅是人们能够吃饱饭这么简单，我们所打造的小康社会需要有良好的生态环境作为现实基础，这样人民才能够真正认可全面小康社会的建成。我国将生态文明建设纳入"五位一体"的总体布局之中，就是突出体现了党治国理政体系的系统性和完整性，因此生态问题不再是单一的环境问题，它也是重要的政治问题。

（五）良好的生态环境是经济社会持续发展的根本基础

随着中国工业化程度的不断加深，人口数量的不断上涨，以及市场的压力，中国的生态环境在逐步恶化，自然资源日渐贫乏，这阻挡了我国经济稳步前进的步伐。现阶段我国处于重要的经济转型时期，要妥善处理好经济与生态环境之间的矛盾，切实把绿色发展生态理念融入经济建设的发展过程中去，将生态环境优势转变为经济增长优势，把原有的"环境换取"方式转化为"环境优化"方式，从而推动二者的协调发展，实现"双赢"的发展结果。

为了早日缓解二者之间的矛盾，需要探索出适应于新时代中国发展模式的生态环境保护之路，这条道路不同于西方的发展道路，而是一条低成本、具有中国禀赋优势的道路。生态环境不仅仅为人们提供生存空间，同时它也是构成生产力的要素之一，为我们生产生活发展提供第一手原材料。由于我国现阶段经济发展仍是第一要务，经济基础的建设仍是重中之重，因此我们要努力协调生态与经济之间的关系，保护二者之间的平衡。为此我国完全可以将生态资源转化成生态产业，最终转化为经济效益。

（六）保护环境能够促进人与自然和谐发展

1. 人与自然是生命共同体

改革开放后，中国经济社会在以经济增长为中心的发展理念指导下发展取得了巨大的成绩。然而，在经济价值高于生态价值的理念指导下，人们对人与自然共存共生的理念没有一个系统的、正确的认识，在发展经济的过程中忽视环境保护、甚至肆意破坏环境，导致了严重的环境污染和资源浪费，大规模的生态恶化事件也频频发生，发展与自然之间的矛盾越发尖锐。人类源于自然，也必将依赖于自然，二者是共存共生的关系。

自然界是一个庞大复杂的系统，每个自然要素都在其中扮演着不同角色，只有各个要素之间的有序合作，才能实现自然的循环发展。人和自然的关系用"一兴俱兴，一损俱损"来形容，是最为本质性和科学性的表达。人与自然是相互依存的整体，对自然界我们不能一味地只知索取，不知保护，只知利用，不知建设。在整个人类社会中，人与自然的关系是最基本的一种关系。

自然界为人类的生存和发展提供一切的物质保障，人类利用自然界提供的自然资源改造自然。人类在开发、利用、改造自然时，要牢记人只是自然的组成部分，不能以主人的态度对待自然，必须遵从整个自然界的自然规律，而且人类的一切社会活动也必须符合自然规律。

自然界是人类赖以生存之本，为人类的生存活动提供了栖息之所，为人类的生产活动提供了物质基础，为人类的发展提供了广袤空间。人是自然界的有机构成体，人的实践活动使自在自然向自为自然转变，成为一种带有人类实践烙印的"人化自然"，成为一种具有实践性、历史性和社会性的自然。

2. 保护生态环境就是保护人类

"生态环境破坏和污染不仅影响经济社会可持续发展，而且对人民群众健康的影响已经成为一个突出的民生问题。"

一方面，生态环境的破坏直接影响了人类的生存。人类的生存和发展都离不开自然，自然提供了空气、水、土地等人类生存的所有要素，破坏生态就等于破坏人类生存的要素，直接影响人类的健康，甚至生存。

另一方面，生态环境破坏直接影响人类生存发展的空间。我国经济健康发展和社会全面进步严重受到环境污染、资源短缺、生态失衡等问题阻碍。

基于以上情况，习近平以马克思主义生态文明思想为指导，创造性地提出保护环境就是保护人类。要像对待朋友一样对待生态环境，像珍爱生命一样珍惜生态环境，创造一个蓝天白云、青山绿水的美丽家园。习近平在落实保护生态环境就是保护人类的理念时，提出了许多有利于生态文明建设的方针和政策。

比如，在对环境开发利用时，增强生态红线意识；在发展经济产业时，鼓励支持和优先发展绿色产业。人们既然行使了利用自然和改造自然以满足自身需要的权利，相应地也应该承担保护自然的责任。人们在自然当中生活，人类社会也存在于自然当中，保护自然就是保护人类生存的家园。在这种意义上，我们更加应该重视保护自然。

（七）保护环境能够保护与发展生产力

1. 保护环境能够保护生产力

生产力是推动人类社会进步发展的根本动力。马克思把生产力划分为社会生产力和自然生产力。自然生产力涵盖了像阳光、河流、森林等为人类生活提供各种生活资料的自然资源的纯粹的自然力，也包括金属、煤炭、瀑布等为人类生产提供各种劳动资料的自然资源。

因此，生产力不仅仅包括人类通过劳动创造出来的社会生产力，还包括为人类生产和生活提供劳动对象和劳动资料的自然生产力，自然界蕴含着有助于生产物质财富的能力，其本身就是可以促进人类社会生产的生产力。习近平在马克思主义生产力的思想基础上，提出"保护环境就是保护生产力"的绿色思想，是马克思主义辩证唯物主义哲学在新时代下的创新延伸，体现了对科学可持续发展观的深刻认知。马克思认为，劳动生产力受到人和自然的双重影响，

社会生产力的和自然生产力共同构成劳动生产力。人类的生产资料由自然供给，人类通过劳动创造财富，因而，可以说生产力是"人力"和"自然力"

高度统一、共同作用的体现，而"自然力"又是"生产力"产生的必要条件。且由于部分自然资源不可再生，因此保护生态环境就是保护生产力。我们必须深刻认识生态资源对于生产力发展的决定性，努力将生态环境保护和生产力发展高度统一形成有机整体，牢牢把握自然发展的规律、加大对生态环境的保护力度，从而实现生产力的永续发展，打开社会发展与生态保护的互利共赢的局面，实现人和自然和谐发展的美好愿景。

良好的生态环境能够为一个国家和地区的社会生产力发展提供良好的自然生产力基础，能够使社会生产力与自然生产力合二为一，进而推动经济的持续发展。因此，保护生态环境就是保护生产力，只有合理地保护生态环境，才能更好地保护生产力，才能实现人与自然和谐永续发展。

2. 保护环境能够发展生产力

发展是中国共产党执政兴国的第一要务。马克思认为，生态环境具有生产力属性，是自然生产力的重要组成部分，经济发展离不开生态环境的支持。因此，良好的生态环境是国民经济持续发展的基础，改善生态环境本质上也是在发展生产力。

在十九大报告中，习近平总书记做出了中国社会主要矛盾已经发生变化的重要总结，指出我国社会主要矛盾已经转变为人民对于"美好生活需要"与"不平衡不充分发展"之间的矛盾。十九大报告还指出："人民美好生活需要日益广泛，不仅对物质文化生活提出了更高要求，而且在民主、法治、公平、正义、安全、环境等方面的要求日益增长。"

改革开放以来，中国特色社会主义经济建设不断取得新成就，但就目前国家面临的各种复杂的生态环境问题看来，首先，单一产业在资源匮乏后由于相对应的生态环境也已被破坏殆尽，无法实现产业转型升级，阻碍了国家整体性的经济建设，导致了国家发展建设的不均衡；其次，生态环境恶化减少了人民群众分享我国改革开放40余年来的红利，削弱了广大群众的幸福感，所以，发展生产力着手要从改善生态环境着手研究。

随着工业化进程在我国的不断加深，我国生态环境资源枯竭型城市不断用涌现，其中大部分资源枯竭型城市的农业、工业、服务业产业结构发展不均衡，工业生产过分依赖资源导致工业体积冗余，农业建设基础差，服务业发展受限。而资源型产业都属于中间投入型产业，生产力严重受生态环境的制约，且由于产业关联的特点难以带动下游产业及相关产业的发展，导致了发展就必须依靠资源的恶性循环，形成极度不平衡的城市经济结构，严重影响城市整体产业链的活力，不利于可持续发展。

因此，要想可持续发展，维持经济建设的长久动力，转型升级、改善第三产业，努力发展高新技术产业，实现经济结构的多元化已迫在眉睫。因此不注重生态环境的建设及改善，必然会导致资源型城市生产力的发展受限制。

生产力与生态环境的关系从本质上讲就是人和自然的关系。正如恩格斯在《自然辩证法》中所表述的"我们对自然界的整个支配作用，就在于我们比其他一切生物强，能够正确认识和正确运用自然规律"。

因此，在我们认识和吸取了国内外走"先污染后治理"道路的教训，生态环境的恶化势必会影响生产力的改善及发展。这就要求我们在立足发展经济的同时注重生态建设，一方面努力提高生态建设意识，努力开发绿色环保的可持续发展新经济模式，打造绿色产业链。形成环境带动产业，产业反哺环境的良性循环。另一方面大力加强高新科技产业的研发，形成科技引领产业升级，剥离低效率低产能的产业，提高产能比。总体实现生产力与环境建设相互促进和谐发展的新局面。

良好的生态环境是我们生存和发展的基础，是实现人民幸福和美好生活的重要保障，是普惠民生福祉的关键环节。因此，只有正确处理好生态环境和生产力发展之间的关系，切实改善生态环境，才能大力发展生产力，才能实现人与自然和谐永续发展。

（八）良好的生态环境是最普惠的民生福祉

近些年，生态问题成为人民群众普遍关心的问题，生态环境的质量关系到广大民众的生活质量和生命健康，与广大民众的生存与发展息息相关，所以生态环境也成了关系民生的重大民生问题。全面建设小康社会，构建和谐社会离不开良好的生态环境。

当前，我们要认清认识到我国社会主要矛盾的转化，急民众之所需，满足人民群众对良好生态环境的迫切需要，让社会上的每一个公民都能够在良好的生态环境中生活、生产。要切实保证广大人民群众的生态环境权益，倾听人民的合理诉求，解决好在生态环境保护中暴露的问题。良好生态环境所提供的生态成果必须由人民共享，让人民群众更加坚定、更加自信地坚持生态富民的发展路线。

1. 满足人民群众的美好环境需要

自然环境是我们共同拥有的，每个人都渴望拥有一个天蓝、山清、水秀的生活环境，这是每个人的生存权益。但是当前严重的环境污染已经影响人们的身体健康，给人们的生产生活带来很多负面的影响。

随着社会的发展和物质生活水平的提高，环境问题日益成为重要的民生问题。食品安全、水质纯净、空气清新、环境优美等成为广大人民群众最关心的指标，尤其是居民居住周边的生态环境，已是人民群众最为关注的影响人民生活幸福的指标之一。过去，老百姓更多的是"盼温饱、求生存"，现在，老百姓"盼环保、求生态"。国家发展的长远利益和人民的根本利益与生态环境的好坏息息相关、密不可分。

历史唯物主义认为，经济基础决定上层建筑，当下，人民群众关注的不再是"吃饱、穿暖"的问题，更多的是渴望获得一个良好的生态环境。优美的生态环境有利于提高人民的生活质量和健康水平。但在工业化的进程中，大多数国家的发展方式都是粗放式的，这种发展方式严重破坏了生态环境，大气污染、固体废弃物污染等一系列恶性生态事件，让人们失去了良好的居住环境。肺癌、哮喘等一系列的呼吸疾病严重损害了人类的身体健康。世界卫生组织发布的最新报告显示，每年因为空气污染死亡的人数达到 700 万人。生态环境恶化让人类付出了沉重的代价，人类的生存和发展受到严重的威胁。良好的生态环境是最普惠的民生福祉，它是人们生存和发展的保障。要想人民能享有好的生活水平和生活质量，必须要重点解决环境问题，在满足人民物质生活需要的同时，更要满足人们对良好生态环境的需要。

2. 维护人民群众的生态环境权益

目前，越来越多的国家不再以创造经济价值的高低来衡量一个国家或者地区的发展水平，开始以生态环境的好坏作为评价一个国家或地区发展水平高与低的标准。毋庸置疑，提升人民的幸福感的重要途径之一就是保持良好的生态环境。良好生态环境能够为人类生存和发展提供有效保障，为人类的生产生活提供优越的自然条件。人需要依靠自然界才能存在，人类生活质量的高低由自然环境的好坏来决定。在对我国改革开放后经济发展及人民生产生活水平的提高受到生态破坏阻碍的现象进行反思后，习近平深化对马克思生态文明思想的认识，并着眼于人民群众对良好生态环境的诉求，提出了将打造良好生态环境作为实现全面建成小康社会的重要保障，生态问题开始成为社会主义国家建设中的重要课题。

在社会主义生态文明建设的过程中，习近平高度重视人民对美好生态环境需要和现实生态恶化之间的矛盾，他大力度整治环境污染问题，鼓励支持绿色企业发展，着力满足人民对良好生态环境的向往，坚持以人为本的生态文明理念。小康全面不全面，生态环境质量是关键。全面建成小康社会的过程中，生态环境建设是最为重要的环节。全面小康社会代表着更高的要求和更高的质量，其中包含了对生态环境建设更多的和更高的要求，即生态文明建设要既要满足人民的生产生活需要，更要注重对人民生态权益的维护。发展经济是一个国家的重要目标，但经济发展的同时决不能忽视生态文明建设，更不能为了发展经济而牺牲环境，要始终坚持以人为本的发展理念，科学合理地进行社会主义现代化建设。

3. 提高人民群众的生态文明意识

马克思明确指出："人靠自然界生活。"社会成员生存质量的高低在很大程度上取决生态环境状况的好坏。目前，我国大多数公民的环境保护意识、资源节约意识、生态意识普遍不强，对个人自身行为对生态环境和自然资源造成的影响认识不足。意识是行动的指导，公民只有从内心深处真正地意识到保护生态环境对自身的重要性，才会主动参与到生态文明的建设当中。

因此，激发公民保护生态环境的关键就是提高人民群众的环境保护意识，使广大人民群众自觉、自愿地参与到建设美丽中国的伟大事业中来。生态意识是人与自然协同发展的意识，是生态文明建设过程中不可或缺的重要力量。公民生态意识是人与自然共存共生的价值意识，是尊重自然的伦理意识，是从生态环境整体优化层面来理解社会发展的基本观念。理性来讲，当前我国公民生态环境保护意识淡薄，部分公民生态价值意识存在一定的误区，缺乏保护生态的远见，自我意识强烈，常以自我为中心对待生态环境，轻视生态环境恶化所带来的严重恶果，极大程度上造成了自然资源的浪费和对生态环境的破坏。

对此，应该重视对公民生态道德素质的培养，强化人对保护生态环境的责任意识，使生态文明建设拥有牢靠的思想道德基础。生态文明建设不是某个人的事业，需要全体人民的共同努力，其建设成果也由全体人民共同享有。对生态环境的保护和建设要集合社会中每个人的力量，谁都不能置身事外，只说不做。国家和社会要加强对生态文明建设的宣传和教育，以此来提高社会大众的生态文明意识，让人们树立生态环境保护的理念。

（九）生态兴则文明兴

纵观整个世界文明史，有许多古文明的消亡都与当地的生态遭到破坏有关，生态的兴衰影响着文明的兴衰，人类应该从历史中汲取经验教训，避免重蹈历史覆辙。

1. 生态兴衰影响文明兴衰

四大文明古国中除了中国以外，其他三个文明古国都先后消亡，探究它们消亡的原因，我们可以发现，它们的消亡的原因很多，也不尽相同，但却都有一个共同点，那就是和当地的生态环境遭到破坏有关。

古今中外还有太多因生态兴衰影响文明兴衰的例子，恩格斯在19世纪就看到了这一点，他在《自然辩证法》里指出美索不达米亚、希腊以及小亚细亚的文明曾经盛极一时，但由于居住地的生态被当地居民给破坏，导致文明也不复存在。这些客观事实都证实了"生态兴则文明兴"是一个科学论述。

2. 避免重蹈历史覆辙

工业文明时代初期，人类走"先污染后治理"的道路导致人与自然关系的恶化，造成了严重的生态危机。如今，工业文明的发展已经进入了瓶颈期，再沿着"先污染后治理"的老路发展，会使得人类的生态环境不堪重负，长此以往下去，很可能会导致人类文明的灭亡。

我国的生态文明建设，不仅关系到我国的民生问题，更直接关系到中华文明是否能延续与传承。一旦我国的生态环境遭到严重破坏，很可能会使我国重蹈历史覆辙，使得中华文明也随之不复存在。我国的生态文明建设对中华文明的延续有着重要意义。

第六章 现代环境保护的机遇

现阶段，我国经济在增长速度、产业结构、提高方式和提高驱动力等方面均发生了深刻变化，这也给我国的环境保护带来了新的机遇。只有把握住机遇，才可以迎来环境保护的新面貌。本章分为加快推动绿色发展、全力改善环境质量、加快环境科技与环保产业发展三部分。主要内容包括：绿色发展的必要性、实现绿色发展的途径、大气环境质量改善、水环境质量改善、土壤环境质量改善、农村环境治理、环境科技以及环保产业。

第一节 加快推动绿色发展

一、绿色发展的内涵

"绿色"在不同学科、不同社会层面代表着不同的含义，具有不同的象征意义，而绿色发展则是对传统高污染、高排放、高能耗的发展道路的根本决裂，是一种以实现人与自然和谐相处的基础上，实现经济增长、国家富强、民族振兴的新型发展道路，注重经济与生态环境保护的良性发展。

（一）绿色

从本意上看，绿色是色系谱颜色的一种，位于蓝色和黄色之间，是其二者之间的平衡色，但在如今的社会之中，人们对绿色赋予了十分广泛的含义。在自然环境之中，绿色处处可见，从植物破土而出的嫩芽到开花结果时翠绿的枝叶，无处不体现一种绿色。可以这样说，在自然之中，绿色是其主要色调，在一定程度上，我们将绿色指代为自然、代表着自然。在心理学和医学上，绿色往往代表着人体机能的生机与健康，是平安与安全的象征。在社会之中，绿色同样用来象征着健康与安全，如绿色蔬菜，一些安全的食品被称为绿色食品等。

在世界上，所有的政府系统都将绿色视为准许通行，将畅通的通道或者便利的手续称之为绿色通道。在政府的预警系统内，也通常将无风险的地区设置为绿色，在这次疫情中，我们国家推出的健康码就是将绿色设置为无风险人群或地区的代表。由此可见不管是在人类社会之中还是大自然之中，绿色是生命的代表，是健康、安全的象征。可以这样说，绿色是人类得以健康发展的必要条件，也是人民安全、幸福生活的象征。

（二）绿色发展

绿色发展的概念是在联合国《2002 年中国人类发展报告：让绿色发展成为一种选择》报告中被首先提出，在这份报告中，不仅详细分析了中国经济发展的模式，还归纳了中国走可持续发展道路所面临的一些困难与挑战。在这里，绿色发展中的"绿色"并不是人们感官意义上的颜色，也不是代表着自然，而是对以牺牲环境为代价来换取经济的高速发展的深刻批判和对"黑色发展"模式根本决裂。通常来说，绿色发展是相对于传统发展模式下生态环境问题的频繁出现而提出的一种新型发展道路。胡鞍钢曾认为绿色发展是实现经济、社会、生态协调发展的新型发展模式，以低能耗、低消耗、低排放等为主要特点，以绿色创新为实践路径，以绿色财富的增加和让人类享受更多的绿色福利为主要目标，以实现人与自然之间和谐共生为根本价值追求。赵建军认为绿色发展建立在生态环境最大承载力限度内，将环境保护作为实现可持续发展主要内容的一种新型模式。在此立足于我国发展实际思考，将所涉及的绿色发展是指把绿色生产和生活方式纳入社会主义建设的各个方面，通过绿色创新驱动、完善生态经济体系，在不对自然产生任何破坏的前提下实现经济增长、国家富强的一种新型发展道路。现阶段，坚持走绿色发展道路根本上是实现经济社会与生态环境保护的协调发展，这不仅是"十三五"期间的发展目标，更是绿色发展理念的要求。

在根本上说，绿色发展是在一定程度上脱胎于绿色经济理念，何谓绿色经济，绿色经济是以可持续发展理念为理论基础的一种新型经济概念，旨在促进经济的可持续发展。但进 21 世纪以来，伴随着全球发展格局的变化，世界经济、资源安全、环境保护等问题的日益交织，旧的发展观念已经满足不了新的实践要求，新的实践变化需要新的经济理论指导，绿色发展应运而生。

绿色发展的形成促使经济的快速发展的同时摆脱了以往高污染、高能耗和高排放的发展道路，并在经济增长过程中实现排放物的减少、能源节约及生态改善等形成协调发展的关系并可以充分发挥国家宏观调控、地方积极创新、全民广泛参与的重要作用，以实现了减少资源浪费、注重生态保护，谋求跨越发展的目的。

二、绿色发展的必要性

（一）推进高质量发展的必然要求

改革开放以来，中国的经济发展水平迅速提高，经济总量屡创新高，经济的高速发展使得中国成为世界上的第二大经济体。但是在经济发展的过程中出现了很多的矛盾和问题。许多地区的经济增长过多的依靠自然资源，缺少对科学技术的创新，导致我国成为能源消耗大国，碳排放量也在世界前列，不合理地利用自然资源导致了生态环境的日益脆弱和环境污染的发生。虽然我们国家进行了产业升级，进行了节能减排，环境保护工作取得了良好的成绩，环境质量也有所改善，但是自然环境面临的形势还很严峻。

绿色发展是高质量发展的重要基础。随着经济的不断发展，许多地区开始意识到以高污染、高排放的粗放型的发展方式容易造成生态环境的破坏，而经济的快速发展并不等于高质量的发展，想要经济高质量的发展，需要我们转变生产方式，减少生态环境的破坏。高质量发展以绿色发展为基础，通过转变粗放型的发展方式，提高自然资源的利用效率，避免自然资源的不合理浪费，减少环境污染事件的发生。推动绿色发展方式，可以有效节约自然资源，加强对生态能源的管理，有效促进经济水平的高质量发展。

因此，推进高质量发展就必然倡导绿色发展。在现阶段的发展过程中，不应该只是单独追求经济水平的高速增长，而是要追求更高效，更可持续的增长。随着经济水平的提高，人民对美好生活中生态环境的良好有着较高的需求。而绿色发展可以转变经济发展的方式，改善自然资源的利用形式，增强对生态环境的保护，对可持续发展具有促进作用。因此，高质量的发展是可持续发展的必然要求，需要我们转变传统的发展方式，推动经济的高质量发展。

（二）建设生态文明的根本之策

绿色发展可以为生态文明的建设提供指导。有些地区为了追求经济的高速增长而没有考虑到生态环境的承载能力，最终造成资源浪费和生态污染，这样严重制约了经济社会的可持续发展。绿色发展方式可以改善传统的发展方式，在人类的生产实践中充分考虑生态环境的承载能力，降低自然资源的浪费，减少环境污染事件的发生。而生态文明的建设有助于人民认清生态环境问题的严重性，让人们在生产生活的过程合理利用自然资源，保护生态环境。习近平指出："环境就是民生，青山就是美丽。要像保护眼睛一样保护生态环境，像对待生命一样对待生态环境。"绿水青山就是金山银山的理念是推进生态文明建设的重要思想基础，体现了保护生态环境的重要性。生态文明强调人类需要在生产生活的过程中尊重自然发展规律，保护生态环境，构建人类与自然和谐共生的关系。而绿色发展不仅可以体现人民的绿色意识，还可以体现人民在实践过程中的价值观念向生态环境保护方向进行的转变，充分反映了人民对于生态文明的追求。绿色发展可以实现人与自然和谐共生的发展关系，为建设生态文明提供理论指导。因此，想要实现人与自然的和谐共生需要我们建设生态文明，走绿色发展道路。

（三）实现人民对美好生活向往的必由之路

人类的生活需求是有层次性的，不同时代的人对生活的需求存在着差异。在工业文明的时代，人们的主要需求就是提高自身的生活水平。在这一阶段中，人们在生产实践的过程中过分地依赖自然资源，没有考虑自然环境的承载能力，结果产生了人与自然环境的种种矛盾，导致了生态环境的污染。

随着经济水平的不断提高，中国特色社会主义进入新时代，人民对美好生活的向往不仅仅是吃饱饭、穿暖衣，还想要生活在良好、健康的生态环境里。绿色发展充分考虑了当前社会生产力的总体水平和资源环境的承载能力，遵循着人与自然之间可持续化的发展方式，在绿色发展的实践过程中，可以更加科学地构建发展方式，有计划地治理生态环境，提高人民生活的环境质量。因此，只有通过走绿色发展道路，才能实现人民这一向往。

三、实现绿色发展的途径

（一）加强对绿色发展理念的宣传

1.普及绿色知识，培育绿色意识

公民的绿色意识实质上是用道德观念和科学理论引导人们爱护环境，使社会持续永久地发展下去。公民良好的生态意识是生态文明建设的基础，是提高公民素质、树立生态是非判断能力、培养保护环境价值观的根本抓手。

目前，由于我国公民对保护环境的重要性缺乏认识，对生态建设缺乏法治化认识，从而导致生态意识普遍不高，"人类中心主义"观念依旧存在。所以就整个社会而言，必须要加强绿色发展理念的宣传，通过各种各样的宣传方式

普及生态知识。并且，在普及的过程中，不能一把抓，要根据不同的社会环境以及不同的群体确定不同的宣传方式和宣传内容，便于他们更好地吸收知识。

例如，面对上班族可以通过网络媒体、微信公众号等形式普及绿色发展理念，便于他们在上班的路上就可以浏览这些内容；面对老年人可以通过广播、报纸等形式普及知识；针对大学生，可以举办讲座、举行论文比赛、演讲等，使他们在学习、收集资料的过程中接受生态知识。其次，还要把培养生态意识纳入教育体系之中，包括学校教育、家庭教育、职业教育等各领域，在教育中对公民生态意识产生潜移默化、深远持久的影响。最后，国家应进一步提高对环境道德培养的重视，用绿色发展理念引领社会道德新风尚。加强对党员干部，尤其是政府、司法工作人员的生态法规、生态道德的培训，因为他们是生态行为的决策者，直接判决生产经营者的行为是否符合生态建设的规定，对不履行职责的官员要进行严格的问责，甚至要在全部门进行检讨教育。不管采取什么样的形式培育生态道德和生态意识，最终必须让每个公民自觉履行保护环境的义务，推动生态建设稳定向前发展。

2. 倡导绿色生活，践行绿色消费

中央政治局审议通过的加快推进生态文明建设的意见中强调，必须加快推动生活方式绿色化，实现生活方式和消费模式向勤俭节约、绿色低碳、文明健康的方向转变，力戒奢侈浪费和不合理消费。该意见指出公民不仅要培养生态意识和生态道德，更要具体落实到行动。在这个过程中，可以通过播放关于生态的纪录片，如"世界八大公害事件""SARS 事件""新冠状病毒事件"等向公民展示破坏生态所要遭受的严重后果，纠正公民先消费后保护的狭隘思想，努力克服需求与消费的异化，引导人们用健康的方式追求物质文化上的满足。

从企业角度来看，企业要致力于绿色产品规模化经营，积极生产各种绿色产品供消费者购买，在保证产品质量的基础上实现结构的多样化，不断满足广大消费者不同的需求。同时企业要加强自主创新能力，通过创新产品形式刺激消费者的消费热情。还应该做到诚信经营，拒绝跟风制造假冒伪劣绿色产品，要维护绿色产品的市场竞争力，要增强公民对绿色产品的信心。

从政府的角度来看，要加强对企业绿色产品生产的监督，对产品的质量严格把关，防止企业打着生产绿色产品的口号，却干着破坏环境的事情。同时，政府部门还应主动承担起绿色生活方式和消费方式的宣传责任，通过媒体弘扬绿色发展方式，鼓励公民参与绿色公益活动，并充分发挥舆论监督作用，增强对个人行为的监督，促进全社会自觉践行绿色发展。

3. 弘扬绿色价值观，主动参与绿色文化建设

绿色发展是衡量一个国家文明程度的重要标准，当前，我国绿色发展理念已经融入经济、政治、文化、社会建设的各方面，一定程度上反映出了国家发展的趋势。应对国家发展的绿色化趋势，全社会要积极弘扬绿色价值观，包括"两山论"的绿色思想，"绿色发展"的经济思想，"生态兴文明兴"的文化思想，最严格的生态红线思想等。其中，习近平提出"生态兴则文明兴，生态衰则文明衰"的论断，着重阐释了绿色发展与文化发展的关系，指出文化发展要以绿色发展为依靠，才能坚持正确的发展方向。绿色文化建设，要建立公众参与机制，让每个公民积极参与生态文明建设，各尽其能，各显神通。面对中国传统生态文化要批判继承，古为今用，推陈出新，革故鼎新，面对外来生态思想要吸收借鉴其合理内核，取长补短，加强各国生态文化的交流与合作。还要大力发展生态产业，充分利用我国的生态资源和文化资源，打造文化、生态、科技深度融合的生态文化产业，比如茶文化产业、花文化产业、生态动漫影视业等，为消费者提供多元化的文化产品和文化服务。

我国是一个多民族国家，还可以通过打造具有民族特色的文化产业链加强绿色文化建设，培育一大批少数民族生态旅游基地、生态文化遗产基地、生态工艺品展示基地等，吸引大批游客参观，不仅能深化对少数民族地区的了解，还能促进各地区生态共同繁荣发展。

（二）改革和完善绿色发展的体制机制

1. 建立健全科学的考核评价体系

有关经济和社会发展的考核评价体系是地方政府工作的指挥棒。长期以来，我国对地方政府工作的考核评价比较偏向于以经济增长的情况作为重要标准，导致一些地方生态环境遭到破坏。因此，这就要求我们必须建立健全科学合理的考核评价体系，推进绿色考核的相关工作，不仅仅是单方面的以经济增长速度为评价标准。在转变的实践过程中，拒绝任何形式主义的观念和举措，关键是刻不容缓地完善领导干部绿色政绩考核评价体系。习近平总书记强调："生态环境保护能否落到实处，关键在领导干部。"

目前，我国各地区都对各级党政领导者在绿色发展建设方面建立了严格规范的问责制度，特别将各级领导干部的有关绿色发展实绩作为任用和考核干部能力的标准和依据。完善符合绿色发展要求的目标体系、考核办法和奖惩机制，真正将绿色发展的相关工作落到实处。

此外，部分地区根据国家发布的《关于全面推行河长制的意见》，全面推行"河长制"工作方案，将考核体系的主体责任分布更为细致化，规范河湖管理体制，大力推进河湖的绿化系统的修复。

近年来，我国积极推动地方政府全面改革工作考核评价体系。加重绿色发展情况在领导干部考核评价体系中的权重。与此同时，我国各地区也将工作考核评价方法进行了更新，以更好的达成绿色发展的要求。2014年，我国修改了环境保护法，要求各地方领导干部、监管部门的领导涉及重大环境违法案件，都要为此承担职务责任。科学的考核评价体系是我国绿色发展的有力保障，我国应当改变当前不可持续的考核评价体系方法，为引导全社会树立正确绿色发展的价值取向起到重要作用。

2. 加强贯彻绿色发展理念的法制保障

加强贯彻绿色发展理念的法制保障是推进绿色发展建设的必然条件。我国的生态环境问题在一定程度上，是与我国环境保障体制不够完善的情况相关的。所以，我国在贯彻绿色发展理念，加强法制保障力度作为关键环节，用科学且严谨的法制规定来完成保护环境的重任。

近年来，我国不断加大践行绿色发展理念的法制保障力度。一方面，协调和统一好对各个生态环节进行保护的法制规定；另一方面，我国补全了绿色环境发展领域在立法方面存在的欠缺。在现行法制规定的基础上，依据绿色文明法治建设过程中又新出现的问题，设立或者完善与绿色文明建设相矛盾的法律制度。我国大部分地区在实施绿色发展战略的过程中，根据各类的项目开工和施建问题，加大完善对工程建设材料质量的把控和对生态环境破坏程度监测的力度，使施工项目在取得经济效益的同时也能减少对环境的负面影响。各地区将习近平讲话精神落实到具体的工作之中，做向"更有力"上转，依法惩治向"更严格"上转。

3. 注重发挥法治的硬性化约束

我国各地区绿色发展注重发挥法治的硬性化约束。

首先，我国在绿色法治建设工作中注重环境立法。我国在环境立法工作上的起步较晚，导致我国在环境保护方面的法治建设较为滞后。对此我国针对有关环境保护问题设立立法机关，合理处理有关水资源利用、国土资源保护等方面的问题，全国各地着重完善绿色发展的法律体系，通过加强立法的方式，严厉打击在经济生产领域中以牺牲自然环境换取经济效益的违法行为。

其次，注重生态法制建设的全面性，合理整合生态法治与其他法规的内容，明确生态法规与其他法规之间在内容上的联系，避免与生态法治建设产生冲突。

此外，注重法规的实效性，生态法规建设是为了解决实际中的生态问题，相关部门做好立法工作的同时，需要提高生态法治在绿色发展建设过程中的实践能力，避免执法能力弱化。

（三）加强绿色发展的科技支撑能力

1. 开发绿色科技用来研发新能源

资源、资本和劳动力是我国自改革开放以来推动经济和社会发展的主要依靠。随着社会的不断进步与发展，我国的整体发展受到制约，因为过量消耗原始资本和资源而产生损伤了自然生态环境承载力。因此，要加大推动科学技术的能力建设，促进我国经济和社会的发展。

目前，我国大部分地区将绿色环境保护有关的科学研究纳入该市科技发展规划之中。开发了生态环境耦合的 GIS 技术，以此科学技术编制了符合地区发展的水环境和生态环境耦合的关系图，为土壤、水资源、生态环境的规划建设提供了技术依据。与此同时，组织了专业的科研队伍，开展一系列与绿色环保相关的科研课题的研究，增强环保管理执行和监测人员的知识水平和业务能力。工作人员绿色环保技术水平的提升，新能源的开发和我国经济社会的发展也步入到了新的轨迹。

2. 加大绿色环保科技创新的投入和扶持

绿色环保科技创新能够推动绿色发展，因此我国各地区加强对绿色环保科技创新工作的重视，重视对实践经验的积累。

一方面，提出较为完备的绿色环保建设的投入和扶持对策。各地区对科技政策的投入和扶持，主要包括对企业或者个人给予绿色科技创新的奖励，增强社会各行各业的主体自发的提高自身的绿色创新的总体能力，以此逐步提升各地区的科技成果的转化质量和数量，逐渐摆脱对高耗能动力的依赖。

另一方面，积极加入财政资金，以此来更好地协助对绿色科技创新能力的培养，针对难以解决的秸秆燃烧问题，充分利用国家政策，投入资金以研究能够提高桔梗综合利用率的科学方法，推动产业结构优化升级。实现绿色发展离不开环保科技创新的支撑，将绿色发展理念融入科技创新领域，是人们实现人与自然和谐发展所要坚持的积极层面。

目前，我国非常强调"双创"理念，注重舆论引导，达成科技创新与绿色发展在价值观念上的共识，力图将绿色生态观念渗透到新技术、新产源、新材料的创新和保护工程中。引导科技工作人员在工作中能够更多地为社会带来具有经济价值、生态价值、社会价值的"硬核"成果。

3. 健全绿色环保科技创新政策和法规

健全政策和法规是绿色环保科技创新顺利进行的必要法制保障。中国中央关于推进生态文明意见提出："建立符合生态文明建设领域科研活动特点的管理制度和运行机制。"

一方面，健全绿色环保科研创新组织的规章制度。协调和促进各部门之间的合作机制，确保各部门的绿色环保科研创新工作能够顺利进行。强化绿色环保科技创新管理的组织体系，构建有效的任职模式，以创新潜力为选拔人才的核心要求，营造创新性、高效性的工作和竞争环境。同时鼓励绿色科技创新的工作人员发挥积极的创造性，建立绿色环保科技创新的奖赏机制。

另一方面，健全相关政策法规。完善知识产权、著作权等相关法律法规，并依据不同情况，做好归类和细化有关绿色环保科技的立法工作。保护绿色环保科技的发明创新成果、增加绿色创新科技的人力和资金的投入、加强绿色环保科技创新的交流与合作，从而提高相关政策法规的实操性，进而为绿色环保科技创新提供保障。

此外，确保绿色环保科研成果产权机制的建立，维护绿色环保科研工作人员的各项合法权益，在政策和法规规定之内奖励为科研工作作出重大贡献的人员。

第二节　全力改善环境质量

一、大气环境质量改善

（一）大气污染治理中存在的主要问题

1. 缺乏完善的大气污染治理机制

我国在有关大气污染治理机制方面的完善度并不是很高，具体体现在以下几个方面。

第一，不能及时地更新和完善污染源的管理机制。例如，随着人居生活质量水平的提升，各种机动车辆的数量也在持续上升，但在汽车尾气排放管理工作方面，却并未引进一些比较先进的管理手段，导致管理工作的质量及效率普遍较低。

第二，城市化建设进程中持续涌现出各种新型的污染物，但在实际治理手段的运用方面显然无法满足要求。

第三，政府及有关部门对污染物排放和环保问题工作监督方面流于形式，在资费的投入长期以来都处于滞后状态，又或是并未设立专项资金来进行管理，最终导致环保管理工作经费不足的问题发生。并且又没有办法实时地展开定期的环保监测工作，也有部分监督部门也没有将有关工作落实到位。

2. 现行减排政策存在一定的不足之处

国家在针对大气污染的治理工作方面提出了对应的节能减排政策。但是这些政策功能比较局限，只是侧重于污染总量却忽视了污染物处理的质量问题，从没有从根本上很好地解决排污问题。另外，目前我国的大气污染以一次污染为主，因此在复合污染方面的治理效果并不理想。基于此，面对当前的工作现状必须要首先完善相关的管理制度，提出合理有效的防污减排措施。

3. 对大气污染的研究不够深入

我国的大气污染问题类型分布普遍比较复杂，除过煤炭烟尘污染、工业污染、汽车尾气排放污染之外，也包括因气体交叉产生的二次污染。另外又因为被污染的空气流动幅度比较大的缘故，所以很容易引起相邻的地区之间的交叉污染。

此外，又因地区污染类型差异而导致污染程度各不相同，同时对应采取的防污措施也存在差异性。学术界对于大气污染的源头或治理方面的研究尚不到位，因此也没有办法做到切实地指导大气污染治理工作有效进行。

4. 能源消费结构不合理

在我国的经济发展过程中存在一个很重要的问题，即我国在能源的消费结构方面不尽合理，对此一直都是各界关注的热点。一大批企业为实现企业利润最大化，在企业设备及设施的更新环节偷梁换柱，偷懒问题极其严重，这样一来，这些机械设备在使用当中就要消耗大量的能源，这途中势必就要产生愈来愈多的大气污染物[35]。目前我国的消费能源结构依然主要以煤炭为主，它在给人们提供各种便捷的同时也给大气环境造成了相当严重的影响。

除此之外，又极度欠缺风力发电、水力发电以及核电等各种新的能源的开

[35] 黄晓勇. 中国能源的困境与出路 [M]. 北京：社会科学文献出版社，2015.

发及应用。事实上这些能源仅仅占据了很小一部分我国能源消费结构的比例，并且对于我国大气质量的进一步优化和改善极其不利。

（二）大气污染防治技术

1.污染物排放管控

针对污染源头实施管控，是确保大气污染防治效果的重点。现阶段，基于我国政府部门倡导绿色环保、节能减排的背景下，工业类企业应当全面贯彻落实该理念，从中获得政策优惠，促进企业绿色、良性发展。

在此过程中，一方面，企业需要对新型环保类原料加大研发力度，将清洁类能源作为企业生产的重要部分，借助生产工艺来有效防治污染问题，从而减小大气污染物的排放量。另一方面，在人们的日常生活当中，政府部门应当加大对绿色环保理念的宣传力度，鼓励人民群众大规模使用绿色环保类材料。例如，在进行建筑装饰期间，可以应用聚乙烯类材料，这类材料能够发挥良好的隔热保温、防火防潮功能，且绿色环保，经费成本较低，还可以重复多次使用，完全符合节能减排、绿色环保的要求。

2.颗粒污染物治理

导致大气污染的重要因素之一，便是颗粒污染物的大量排放。针对这种问题，必须加强对颗粒污染物的治理力度。在开展颗粒污染物防治工作期间，要注重科学采取以下两种技术，分别是干法除尘技术、施法除尘技术。

第一，干法除尘技术，是指根据颗粒污染物的属性，采取物理方式中的重力、惯性离心力等方式，以此有效地清理颗粒污染物，主要操作设备为除尘机、重力沉降室等。

第二，湿法除尘技术，是指按照大气中颗粒物具备的湿润程度，利用水等类似液体物质的亲和力进行处理。相对而言，湿润的颗粒物更方便开展捕捉处理，如火电站会将湿式电除尘装备，布置在脱硫吸收塔后方，以此清理烟气中的氧化硫液滴、烟尘微粒等固体污染物。

3.气体污染物防治

工业类企业在处理气体污染物期间，应当采取化学吸收、物理吸收两种处理技术。一方面，化学吸收法是指运用混合物在气体、液体中的溶解度，比如在气体、液体中的混合物，往往会变现为不同的溶解度，以此满足净化排放物的效果，该方法能够对排放物进行二次回收利用。例如，在治理二氧化硫期间，企业需要对单塔多喷淋、串联吸收塔、双循环 U 型塔等技术进行运用，实现分离的最佳方法，便是开展碱液和污染物间的化学反应过程，另一方面，物理吸收法是指针对气体污染物，在液体中能够融合的性质予以运用，依靠溶液来吸收大气中的有害气体，以此实现治理目标。

例如，工业生产中的酮类物质、醇类物质能够被水吸收，而一氧化氮与二氧化氮，则可以被稀硝酸所吸收等。

4. 加强综合性防治

第一，企业需要平衡兼顾好经济效益与环境保护间的关系，认真分析地区污染源排放污染物的类型、排放量、污染物空间分布状况等，再据此制定科学的防治方案。一般情况下，工业生产地带，需要建设在城市的下风口区域，要和人民群众的生活住宅区，保持合适的距离。

第二，要注重优化能源结构，提升能源使用效率。就目前形势而言，我国工业生产的主要能源多为煤炭，煤炭在燃烧过程中，会释放出大量的一氧化碳、二氧化硫、氮氧化合物，为此政府部门与工业企业，必须注重革新能源结构类型。针对这种情况下，应当大规模研发并使用新型可再生类能源，比如太阳能、风能、水能以及地热能等。

第三，注意运用区域集中供热的方式，来为居民供暖。实际调查表明，在冬季每家每户倘若自行燃烧取暖，会导致大量有害气体、未完全燃烧的颗粒物出现，成为气污染的重要组成部分。为此，需要建设大型的供电厂，居民住宅区实现集中供热，以此提升热能利用率，还可以使用除尘器来减少有害气体以及颗粒物排放量。

（三）大气污染防治对策

1. 完善防治机制

一方面，要注重兼顾平衡好大气污染与经济效益间的系。按照可持续发展的理论要求，可知经济发展和环境保护，二者之间应当保持相互一致、相互统一的关系。倘盲目追求经济效益而忽略生态环境，就会对环境产生极大的损害，加剧大气污染程度，严重危害人民群众的生命安全。因而在现阶段，优化空气环境的重要程度，已超过了经济效益，成了当下的首要目标。

另一方面，要注重加强地方性防治机制的可操作程由于我国地域辽阔，不同地区的经济发展方式，都存各自的特点。因而各级各地区政府部门，在开展大气污染防治工作期间，需要根据当地的实际情况，遵照因地制宜的原则，做到具体问题具体分析，来开展有针对性防治措施。我国政府部门应当按照各级各地区城市，其身发展的具体条件，来制定单独的防治制度，在符合国家法律法规的前提下，制定满足自身情况的防治体系；要据不同地区的工业发展、城市建设、大气污染程度、污染治理经验等情况，制定有针对性的防治策略，以此提高不同区域防治工作的可行性。

2. 加强管理检查

工业企业是大气污染防治工作中，最为重要的管理控制对象，但由于企业的自觉性较差，导致防治工作存在一定的阻碍。

针对这种情况，其一，政府部门需要加强对工业企业的管理力度，将生态环境效益作为重要工作指标，针对违法排污的企业进行罚款处理，利用各种媒体予以通报，责令该类企业限期整改，情况严重者必须勒令停业。

其二，政府部门应当严厉打击污染严重的工业企业，加强检查力度，对其实施有力的惩罚措施。在此过程中，要利用工作日、双休日、夜间等时间，对其开展不定期的执法突击检查，以此提高违法检查力度，从法律制度方面，严格规范工业企业的生产行为，督促其开展污染防治、绿色生产行为。

其三，积极推广空气质量考核机制。在此当中，政府部门可以针对本市的所有工业类企业，开展空气质量考核工作。要遵循奖优罚劣的原则，针对空气质量考核结果良好、积极配合大气污染防治的企业，予以资金和政策补偿奖励，树立良好的企业榜样；针对空气质量考核较差的企业，应当对其进行责任追究。对于表现优良的企业，可以将其奖励资金用于工业污染治理、高污染排放车辆的改造方面，以此强化大气污染治疗效果。

3. 丰富防治手段

首先，工业企业与政府部门，在开展大气污染防治工作期间，应当充分发挥人民的力量，鼓励群众查找大气污染源，强化防治工作的针对性；要加大对环境保护相关法律的宣传力度，充分运用报纸、电视台、微信公众号以及微博等渠道的功能，来开展全方位的防治宣传工作，以此强化群众的法律意识与环保理念，引导群众自主规范其生活行为，帮助群众树立绿色的生活习惯，如帮助群众做到绿色出行、绿色消费、不燃放烟花爆竹等。

其次，要加大相关资金投入。在此期间，政府部门应当积极引进高效的大气污染防治技术，加大该方面的经费投入，并为其配置相关机械设备，在物质方面给予保障。要努力获取上级政府部门的专项经费支持，拓展污染防治防卫，全方位提高城市空气质量。

最后，要从制度方面严格规定企业的生产设备与设施，督促其淘汰落后传统的生产设备,如规定其撤销使用高污染、高排放量的燃煤锅炉,使其改换清洁、环保的燃气式锅炉;要从政策制度方面,鼓励企业使用新技术、绿色环保工艺以及绿色清洁型能源与材料,对这类企业予以政策扶持和表彰奖励,以此提升企业的污染物处置效果,从源头方面减少污染物的排放量。

4. 注重环保规划

想要提升大气污染防治效率,强化防治效果,就必须要做好城市环保规划工作。

在此过程中,首先,政府部门应当认真分析当地城市的经济发展方式,在实施项目建设期间,需要科学把控其环境价值,包括环境保护、生态管控等;注重对城市环境发展予以合理规划,确保不会遭受污染。

其次,要加强对不同种类污染物的治理力度,以此提升治理效果。在此当中,不但要明确相关管理人员的工作职责,还应当充分发挥人民群众的积极性,强化群众的环保理念。

最后,要加大绿化工程建设力度。通过开展绿化造林工作,可以有效降低风速,并吸附空气中的粉尘颗粒与二氧化碳,进而释放氧气,起到良好的空气净化效果。为此,政府部门应当在以往造林工程的前提下,进一步深化植树造林力度,有效融入绿色空间规划方法,科学构建城市绿色生态网络;针对工业区域规划工作,要合理控制同居民住宅区的距离,在区域下风带位置,有效种植防风林与绿化带,从而有效削弱工业生产对居民造成的危害。

二、水环境质量改善

(一) 水污染防治中的问题

针对水污染防治中的问题展开研究,并结合具体的问题,确定相应的处理措施,以提升问题处理的针对性,在水污染防治过程中存在的问题通常包含以下内容。

1. 未能建立健全水污染防治法规

尽管我国为实现水污染防治已经出台了一系列法律,在一定程度上为污染防治工作的开展提供了法律保障。然而,由于我国尚未建立完善的水污染防治制度,且相关法律法规有待完善,对水污染防治工作的整体效果造成了一定限制。由于未能建立健全相关的法律法规,为水污染防治工作带来了很大的压力,也对我国水污染防治质量的提升造成了一定限制。

2. 未能划定明确的职责范围

我国的河流及水域通常十分辽阔，同一条河流经不同地域的现象十分常见。在此背景下，针对流经多个省份的河流，通常难以进行清晰的职责范围划定，进而可能引发多种风险，使水污染防治水平降低。

此外，由于在生活和生产实践中常常缺乏对于水污染防治问题的高度关注，且未能深刻落实水污染监管工作，相关的水体质量监测设备也不够完善，对水环境保护工作的高效开展造成了极大的挑战，阻碍了水污染防治效果提升。

3. 未能建立完善的防治管理机制

当前，由于受到水污染防治管理机制的限制，且在水资源开发利用过程中常常出现职能分离的情形，导致在水污染防治过程中的风险概率得到了一定程度的提升。因为尚未建立完善的管理机制，未能针对水污染防治过程展开高效严格的把控，且未能充分把握时代发展的需求，对水污染防治效率的提升造成了极大的限制。

4. 经济发展因素

随着城市化进程的持续推进，城市人口的持续增长对水资源利用造成了极大的限制，同时，由于城市人口增长的速度显著高于配套水资源污染处理设施建设的速度，对水资源污染的高效处理造成了一定限制，提升了水资源污染的程度。人口数量保持增长态势，但是有关水资源污染治理机制却尚未得到完善，对水污染治理能力的提升造成了限制。

5. 水污染的防治手段有待提高

在水污染防治实践中缺乏对于信息技术的高度运用，且有关工作人员的信息化意识不足，对水污染防治信息资源的高效利用造成限制，同时，随着防治工作技术含量的持续下降，对水污染防治工作的效率造成了一定影响。由于相关防治手段的有效性有待提升，且防治管理制度尚不完善，对完善水污染防治体系造成了阻碍，在一定程度上增加了水污染防治的难度。

（二）水污染防治的措施

1. 加大管控力度

（1）严格落实水污染治理责任

政府要根据水污染治理各相关部门的职能按照"科学设置、全面覆盖、高效运作"的原则明确相应权责，确保各职能部门各守一方、各司其职、共同推进，将治理措施按照"党政同责、一岗双责"落实的全县水污染治理的全过程和各环节，形成"党委领导、政府统筹、各相关部门各负其责"的工作局面。

同时，加大对各相关部门的考核力度，可以通过"一月一检查、一季一点评、一年一考核"的办法，对工作推进有力，成绩较为突出的部门进行奖励；对工作推进不力，影响水污染治理推进，拖进度后腿的部门进行通报批评，让各相关部门切实肩负起自身责任，同心协力推进水污染治理工作。

（2）强化责任追究

俗话说，"有问责，才有担当作为"。在水污染治理中引入"问责"是有必要的，对各有关部门人员在水污染治理工作中恪尽职守、履职尽责具有重要的作用。

具体来说，一是要健全水污染责任追究相关法律法规，严格责任认定，建立水污染责任清单，明确责任追究标准、主体和程序等内容，使得水污染责任追究有章可循、有据可依；二是要完善问责途径，拓宽问责渠道，扩大问责范围，充分发挥人大、司法、媒体在问责中的作用，对在水污染治理过程中发现的不作为、乱作为等问题进行及时纠正，切实提高水污染治理效率。

（3）强化执法监管

一是全面摸查各行业企业违法违规排放污染物污染水体环境的行为，并进行登记造册，实行分类管理。对于已有污染排放许可证的企业要严格监管其经营行为，定期不定期监测污染排放量以及是否达标排放，若存在超量、超标排放现象，则对相应企业进行处罚并责令限期整改；对于未取得排污许可证而私自排放污染物的企业，一经发现立即关停取缔，并依法吊销其工商营业执照，同时将其列入企业诚信档案。

二是加强部门协调，积极开展联合执法行动。对于部门执法过程中发现的不配合监督检查，或者阻挠执法人员执法的企业，生态环境、水务、供电等部门可以进行联合执法，形成合力，比如关停不配合企业水电，约束其正常生产经营，从源头上阻止其继续排污；对于情节严重构成犯罪的应及时依法移交司法部门处置。

（4）探索建立健全生态补偿机制

政府部门应当加大对破坏连平水环境行为的打击力度，严肃惩处污染连平水体的单位和个人，以起到震慑的作用，让其他的单位和个人不敢再做出以上类似行为。同时，可以按照"开发者保护，破坏者恢复，受益者补偿"的原则，探索建立健全水环境保护生态补偿机制，根据现阶段水污染治理工作的实际，科学划定各类补偿主体，研究制定合理补偿方式，统一严格实行补偿标准，使得水环境能够得到长期稳定、高质有效的保护。

2. 加大投入力度

（1）拓宽资金来源渠道

水污染治理本质上来看是一项公益性工程，涉及面广、资金需求量大、投入见效慢，鉴于此，大多数企业行业往往不太愿意在这一领域投资经营。对于一些比较贫穷的地区来说，其本身经济发展比较落后，财政实力不够雄厚，仅靠财政专项支出来支持水污染治理资金需求是远远不够的，因此，唯有积极争取社会资本，拓宽资金来源渠道，才能堵上水污染治理的资金缺口。可以通过创新投融资方式，将水污染治理分成若干的项目，再分别承包给具有相关资质的第三方项目公司进行建设运营，以此来吸引社会资本投入。同时大胆探索推广应用 PPP 模式来推进污水治理项目建设，政府给予适当政策倾斜，减少企业审批手续，简化项目审批流程，提高项目融资效率，加快推进项目建设。

（2）加大基础设施建设投入

一方面，需加快推进污水处理设施和生活垃圾无害化处理填埋场建设及升级改造，按照《城镇污水处理厂污染物排放标准》（GB 18918—2002）一级 A 标准新建、扩建、改建乡镇污水处理设施和改造升级生活垃圾无害化处理填埋场，以满足集雨区范围内所有乡镇、行政村对水污染治理的基础设施设备需求。

另一方面，在全力推进污水污染治理基础设施建设的同时，也需按照"同步设计、同步建设、同步投运"的原则，加快相应的配套管网的铺设，以提高水污染治理的效率。

3. 加大宣传力度

水体的污染有一大部分原因是人民群众对水环境保护的重要性了解得不够深入，因此必须加强对水环境保护的宣传力度，提高人民群众对水环境保护的认识，引起他们思想上的重视，从而带动其行动上的自觉。

（1）创新宣传方式

可以充分利用广播电视、新闻媒体等宣传工具和渠道大力宣传相关水环境保护知识，也可以加强与电信、移动、联通等通信公司的合作，让他们定期不定期向人民群众发送相关宣传短信，还可以在公共场所张贴文字、图片等宣传标语以及发送宣传手册等，如此有效扩大宣传面，让更多的群众能够耳熟能详。

（2）发挥典型效应

一方面深入挖掘为水环境保护作出积极贡献的先进个人和单位，对其进行嘉奖评优，积极传播社会正能量。

另一方面严厉打击破坏水环境的各种行为，及时曝光严重污染水环境的个人和企业，充分发挥道德对污染水环境行为的约束作用。

（3）抓好校园教育

水环境保护要从孩提抓起，充分发挥校园的教育作用，科学开设水环境保护相关课程，鼓励学生参加水环境保护知识竞赛，积极组织学生进行实地观测，让新一代年轻人在不断的学习体验中加强对水环境保护的认识，使得水环境保护理念在每个人的内心深处生根发芽。

4. 加大监督力度

（1）畅通监督渠道

首先要加大对水污染治理的信息公开力度，将企业排放数据、水污染治理成效数据等信息在广播电视、网络媒体等平台进行公开，以保证信息公开的透明度，保障群众对水污染治理相关情况的知情权。

其次可以通过奖励表彰的方式充分调动企业、社会组织和公众等监督主体参与到对水污染治理的监督上来，同时探索创新监督方式，开辟微信、微博、移动客户端、手机 APP 等监督新渠道，让各监督主体得以更好地行使监督权。

（2）整合监督力量

目前的监督体制下存在着各种各样的监督力量，不仅有生态环境部门的内部监督，还有审计、法院、检察院、纪检等部门监督，更有媒体监督、社会团体监督、舆论监督等社会监督。可以将这些监督力量充分地整合起来，形成合力，探索建立各监督主体之间相互沟通交流的信息共享平台，强化对监督效果的运用，实现对水污染治理相关决策部署、资金使用及分配、治理措施落实、任务完成、发现问题处置等情况的全面监督，有效避免因重复监督而造成的资源浪费，切实提高监督的成效。

5. 加大呼吁力度

（1）提高群众的参与意识

群众参与水污染的积极性不高很大一部分原因是对水污染治理相关信息的不了解以及缺乏相应的参与渠道。因此，政府部门应该加强推进水污染治理方面的信息公开，及时发布相关信息，回应社会关切，让群众时刻了解水污染治理的现状。同时还要大力推动相关企业的信息公开，让群众更好地了解企业的生产经营情况，从而起到监督的作用，倒逼企业规范生产经营行为。

另一方面，政府部门还需要为群众畅通水污染治理参与渠道，充分发挥网络媒体、举报电话、投诉信箱的作用，为群众提供监督举报渠道，及时检举污染水体行为。在接到群众反映情况后，政府部门要积极作为，及时组织力量对反映情况内容开展调查，并将调查处置情况及时公之于众，这样才能赢得群众的支持与信任，增强群众参与水污染治理的信心与热情。

（2）引导鼓励社会组织参与

社会组织是指为了实现共同目标而组织起来的一群具有一定的专业知识和公益精神的人或团体，是行政管理体制改革和市场经济发展不断深化的必然产物，以提供公共服务为根本宗旨，集公共性、自治性、志愿性于一身，在社会治理中发挥着越来越重要的作用。从社会组织的产生来看，它们来自民间，与广大人民群众保持着密切联系，既是民意的重要来源，也是反映民意的重要渠道。社会组织能够很好地弥补市场和政府在提供公共产品时所体现出来的不足，对实现市场、政府、民众之间的良性互动，整体提高社会治理水平具有重要的作用。

然而，就目前来看，社会组织的力量尚未充分发挥出来，为此，政府可以适当放宽对社会组织的控制，比如适当简化其设立的审批流程，减少一些不必要的行政干预等，为社会组织提供更为广阔的发展空间，使其能够更好地发挥自身优势和作用，收集各方民意信息，正确引导社会各界共同参与到水污染治理中来。

三、土壤环境质量改善

（一）土壤污染的防治措施

1. 合理使用化肥

在农业生产过程中，化肥具有非常重要的作用。对于化肥的使用应当遵循合理化的使用原则。合理使用化肥，不仅要根据当地的气候情况，更要充分考虑水利和土壤差异性问题，对实际情况进行综合分析。在使用化肥过程中，应当严格遵循使用方法，控制用量，才能达到最好的效果，尽可能地降低其对土壤的影响。要杜绝长期、过量地使用化肥，以免对土壤造成严重污染。化肥的过度使用不仅会对土壤产生巨大影响，严重的甚至会造成水环境及大气的污染，从而带来更大的危害。

2. 做好环境管理工作

目前，我国高度重视土壤污染的防治，并针对土壤污染的突出短板给出具体的指导意见。在进行土壤污染防治时，首先要确定控制和消除土壤的污染源。这是土壤污染治理的基础性工作，也是非常重要的工作。

在预防土壤污染过程中，要对土壤中的污染物从数量上和增长速度上进行控制。通过预防可以达到良好的效果，也可以不断地对土壤中的污染物进行降解。目前运用这种方式已经取得了一定的成效。这是目前采用比较多的土壤污染治理方法，如果不能长时间运用这种方法，就很难从根本上对土壤污染情况进行治理。

3. 控制和消除工业废弃物的排放

我国既是农业大国，也是工业大国，工业是国民经济的主导，工业生产在我国经济发展中具有非常重要的地位。工业生产和制造过程中，会产生大量的污染物，如废气和废水等，这些污染物的排放应当受到严格的控制和管理，才能从根本上解决土壤污染问题。在实际治理工作中，我们应当运用各种技术手段对土壤质量进行深入细致地检测，从而采取有效措施对土壤污染进行有针对性的预防和治理。

4. 加强对污染严重区域的管理和监测

目前，我国存在一部分污染严重的区域。对于这些污染区域，要对实际情况进行全面了解，采取有效措施进行治理。在治理过程中，要先结合污染区域的环境和特点，对各种情况进行综合分析，然后运用先进的技术和手段，制定出科学完善的监测方案。方案应当有明确的监测范围、监测时间和监测指标，然后根据实际情况进行布点、设置频次，最后确定监测方法。在监测过程中，要严格进行数据和监测信息的统计，以便安排好相关的检测人员。通过严格的过程控制，可以更好地拟定和提交监测成果。

（二）土壤修复工程分析

1. 加快实验区域土壤污染防治和修复工程建设

我国的农田土壤污染和土壤酸化情况比较普遍，同时还存在农产品污染物超标的问题，这些问题在部分地区已经非常严重，对这些地区应当实施区域土壤分类措施，并进行综合治理。在进行分类和治理前，应当针对区域现有情况制定全面的治理方案，才可以更好地利用新技术提升农田土壤质量。在进行土壤治理时，应当建立起一个科学合理的土壤修复技术体系，以便更好地运用配套修复材料。并采用科学高效的技术、先进的设备与系统，对土壤污染情况进行严格把控。

在实际的土壤治理过程中，应当综合开发利用工程化技术，这样可以起到示范性的作用，妥善解决土壤重金属污染问题。要立足于根本并进行综合治理，这样才可以保障农产品的安全性。所以实施土壤污染修复工程，应当制定出一套完善的、科学的、系统的、综合的治理方案。

2. 加快科技平台建设和科技成果转化

在土壤治理过程中，为了加强土壤污染修复，应当制订完善的修复计划。其重点是支持土壤污染防控，加强修复技术，使污染地得到修复。同时，还要建立工程实验室，其作用是不断完善相关的治理工作，改善土壤环境，做好观察和研究，为土壤修复创造出更好的条件。在实际工作中，相关工作人员不仅要建立实验室，而且还要建立观察研究站，从而更好地进行污染治理工作。

为了更好地治理土壤污染，要充分发挥示范区的作用。当前，可持续发展理念受到广泛重视，在此基础上我国建设了许多示范区和农业科技园区，在土壤污染防治与修复方面起到了示范作用，构建出更为合理的治理办法，使科技成果得到了有效转化。目前，国家已经建立了土壤污染治理平台，不仅推动了土壤修复产业的发展，也使得土壤环境得到了很好治理。

3. 加快建立监管机制

要加强对土壤污染的调查和研究，需对调研对象的情况进行准确的评估，这样才可以更好地进行土壤修复。所以，建立一个良好的质量监督管理体系，是保证土壤修复的基础，更能促进土壤修复行业的发展。同时，科学完善的行业监督管理体系为进一步完善和规范土壤修复工作打下了坚实基础，所以必须重视监督的作用。

（三）制定完善的方案编制原则

在编制方案时，应当遵循一定的原则，主要有三个方面。

1. 遵循科学性原则

在进行前期的土壤环境评估时，要确定出土壤治理和修复目标，这是相关工作开始的基础。只有确定好了目标，才可以更好地选择治理和修复技术路线，从而更加合理地确定出修复周期和成本，这是前期非常重要的工作内容。

2. 遵循可行性原则

在进行污染治理过程中，不仅要考虑治理目标和修复目标，也要做好相关的成本和预算工作。应全面考虑各方面因素的影响以及治理区域的实际情况，这样在选择治理方法和修复技术时才会更加可行，并且具有可操作性。

3. 应当遵循安全性原则

在实施修复工作时，应当确保施工的安全，这是保证施工顺利进行的前提。在施工过程中，为更好地保证施工安全，应严格要求施工人员，并且充分考虑周边人群的健康问题，降低修复工程对人身健康的危害，改善生态环境，并且做好对二次污染的检测。

4. 应当加强对植物的修复

在土壤污染治理和土壤修复工程中应当加强对植物的修复，通过对植物的修复，可以使污染物有效降解、挥发，从而将各种有毒有害的污染物转化成为无毒无害的物质，这也是最根本的治理方法，可以很好地恢复土壤功能。

四、农村环境治理

（一）我国农村环境污染的现况

我国农村出现的环境污染问题越来越严重，许多地方已经出现了环境恶化不堪重负的现象。由于农村管理松散，加之多数农民对环境保护意识较差，致使农村的环境保护问题一直难以彻底、有效地解决，环境污染问题越来越凸显，主要有以下几个方面的状况。

1. 农业生产带来的污染

农村的主要经济收入方式来源于农作物和畜牧业，而这两种生产方式，都会对农村的环境造成污染。虽然很多地方提倡绿色养殖，但是农民依赖化肥和饲料使作物高产、牲畜快速生长的方式非常普遍。化肥虽然对作物生长具有促进作用，但同时化肥并不是能百分之百完全被作物吸收，利用率低导致了很多肥料被留在土地中，导致土地基础肥力降低、土壤品质退化等现象；饲料喂养导致的牲畜粪便不能降解，不能用作农田肥料，不仅难以处理污染环境，还会传播疾病污染水源，成为农村环境污染的一个重要的污染源；用于早熟作物中的塑料薄膜具有一次性和难降解性，成为污染农田的第二大污染源；农作物秸秆量大但利用率低，目前在农村大多采用焚烧的方式处理，燃烧产生的有害气体对空气污染造成不利影响。

可见，农业生产带来的污染源很多且难以处理，对农村环境污染寻求对策提出了具体的要求。

2. 农村生活带来的污染

在我国，农村生活带来的污染主要有生活污水、生活垃圾两大类。由于农村基础生活设施水平有限，再加上农村管理基础薄弱，对污水以及垃圾等污染物运输、处理的设施陈旧，农民思想上对垃圾处理不重视，生活污水不加处理随意排放的状况很普遍，大量污水排入就近的河流中，影响了河体本身的自净能力，导致河流被污染，水质越来越差，形成恶性循环。

3. 城市转移污染

我国农村相对于城市来说，建筑密度和人口密度小。据统计，全国垃圾中有四成没有集中处理，为了保证城市的宜居环境，大量的城市垃圾被填埋在附近的郊区，农村成为容纳城市垃圾的集散地。

除此之外，部分农村在大力发展农家乐等休闲农业的时候，农家酒店排污以及游客随意丢弃的垃圾随着农村旅游业的发展越来越多，对当地的环境造成的负担越来越沉重。

（二）农村环境治理对策

1. 加快农村环境保护行政引导

第一，创建相对完善的农业生态补偿体系，即全面发挥市场与政府部门的积极效益，在所有利益相关方之间构建起利益配置及调节关联，接着在此较为稳定联系的基础上推动人们对农业生态的维护。不断优化农业生态补偿体系，激励政府机构、社会组织以及市场等所有利益相关方，进一步改善"以政府为主体"的补偿体系，创造起"以市场为主体"的补偿体系，最后构建起多个主体参加，市场与政府相互补充，市场供需、生态维护、经济发展相互协调的补偿机制。

第二，对《环境保护法》进行合理修改。因为当前我们国家实行的《环境保护法》将重点摆在城市环境维护及工业污染预防等方面，与农村环保相关的内容比较少，几乎根本未提及农村环境整治。所以，在新时代全新要求下，应当《环境保护法》进行合理修改，着重强化农村环保及环境整治层面的内容。

第三，针对农村环境污染制定相关具体法律法规。在《环境保护法》增加有关内容的技术上，出台《农村环境污染防治法》，必须满足基础法的相关规定，应当着重考虑生产污染、环境污染防以及工业污染等方面的内容。

第四，健全配套法律体系，调整有关法律规定。在推进农村环境整治法制化过程中，还需要健全有关的法律体系。

例如，出台与畜禽养殖污染预防、整治相关的规定；出台与农村地区民营公司及工业污染预防、整治相关的规定；出台与土地污染预防、整治相关的规定等。值得注意的是，此部分配套规定必须要便于落实、执行。

除此以外，对于我们国家农村环境整治不同单位间难以有效对接的困境，在拟定又或是修改相关法律的过程中，应当高度重视法律规范的对接性，避免不同法律规定间的相互矛盾。

2. 积极引导农民参与治理

"村规、民约"属于非正式性的规章制度，在居民活动约束、农村秩序维护以及矛盾冲突化解中起着不可代替的作用。当前，农村环境整治活动是在相关政府部门的指引下完成的，对政府机构有较强的依赖性，却完全忽略农民的参加，导致农民的参与性比较差。农民逐渐变成了农村环境整治的"旁观者"，更有甚者成为"抵御者"，从而导致政府部门在农村环境整治环节陷入"孤掌难鸣"的困境中。

所以，政府不仅要注重农村环境整治，在此环节还应积极引进"村规、民约"，不断增大环境治理宣传力度，提高人们的环保观念。建立健全农村环境治理信息披露机制，第一时间向当地居民披露与环境整治相关的信息内容，从根本上保障农村居民的知情权，积极指引人们融入监管环节，向那些对环境造成污染的公司施加更大的压力，督促有关公司落实好自身的环保职责。政府机构在环保部门环境整治成效实施评价时，应当通过"村规、民约"激励当地居民参加，按照居民的满意度情况来明确未来负责该项目的民间机构，进而确保农村环境整治的效率及质量。

除此以外，政府机构还需要把绿色发展理念纳入"村规、民约"当中，以打造"美丽乡村"为根本抓手，积极推进生态文明建设，进一步优化农村的样貌。为提升农民参与环境治理意愿，并将转化为实际的行动，可以从以下几个方面着手。

第一，培育激发农民主人翁意识。农村是我家，保护靠大家，激发农民群众的主人翁意识，自觉参与到环境治理保护中来，增强农民群众的主动性。通过传统媒体和新型媒体的宣传，增加农民群众的环保知识和环保情感，为农民群众参与环境治理保护提供基础。健全村务财务信息公开机制、村民代表大会、基层协商机制、听证会和论证会机制等多种机制，增加农民群众的参与感，培养主人翁意识，改变"事不关己、高高挂起"的环境冷漠态度，提高农民融入环境整治保护的意识。在实践中，可以以家庭为单位，动员起来，参与环境改善中来，如加大力度开展"美丽庭院"建设活动，使家庭庭院成为农村人居环境改善的示范点、亮点。

第二，加大基础设施建设力度。将农村环境基础设施建设的引导作用全面发挥出来，为农民自觉参与环境治理提供物质载体。在农村道路建设中，注意道路两侧绿化树木栽植，营造良好人居环境氛围，激发群众参与环境改善。

第三，赋予农民环境权。通过完善法律法规，实现农民环境权的法律性保护，此部分权利主要包含环境知情权、环境补偿权以及环境参与权等，制定法律赋予其相应的权利，从根本上保护农民掌握环境相关信息的权利、寻求环境污染补偿的权利、融入环境整治过程的权利，为广大民众融入环境治理构建良好的制度保障保证。

第四，优化农村产业结构。进一步完善土地流转机制，实现土地的规模化经营，将完全依靠种地为生的农村劳动力解放出来，通过大力发展农村旅游业，为农村居民提供多样化的就业途径，促进一、二、三产业的融合发展，能够更有效地保护环境。

3. 引入农村环境治理第三方

此处的农村环境治理第三方主要指环保社会组织，此类社会公益组织越来越多地投入垃圾分类、宣传教育、环境诉讼以及污染监督等各式各样的公益性服务当中，有效填补了市场与政府存在的缺陷。对于社会组织参与农村环境治理，可从下述几个层面着手，逐渐激发各个方面的力量参与到农村环境整治中。

（1）健全与民间公益环保组织的对话制度

不断优化改善民间公益组织与政府部门间的对话、协作制度，进一步强化与民间组织的交流、互动，借助环保社会组织的专业性，提供政策咨询与建议、治理技术指导、环保宣传讲座、垃圾分类指导等。

（2）增强对民间环保组织的政府采购行为

政府部门应当从民间环境组织中购置更多的服务。在制定年度预算时，应安排专门的资金用于环境整治，经过不断增加的投资，加强政府机构的购买能力。采购民间组织提供的各种服务，比如宣传材料印制、视频制作、App 开发等等，并且将其提供给村委会、学校等组织进行宣传。从荣誉鼓励与资金扶持等角度来看，需要展示出政府机构不仅仅是扶持民间组织等组织义务植树、垃圾分类以及群众教育等行为，同样还积极帮助其进行环境诉讼、污染公司曝光、协助环境信访等工作，这样有利于加强政府与民间组织的相互信任，产生环境治理的合力。

（3）增大对民间环保组织的资源扶持力度

一是配合社会组织开展环保宣传等活动，调动行政资源参与公益活动中；

二是与社会公益组织实现人才共享，予以人力资源支持，设立专业人才库，既有公益组织专业志愿者，也有行政事业单位中的专业技术人才，实现资源共享，人才互利。三是帮助环保社会组织与企业、村委会、村民等关系方面予以协调对接。

4. 整合农村区域空间规划

农村环境治理想要取得良好的成效，则需要加强对农村地区的空间规划，在农村规划层面增加资金投入，刺激政府机构对农村空间开展规划的热情，经过明确比较完善的农村空间规划，以妥善处理目前农村规划缺陷、无序建造等困境。

（1）增加在农村空间规划上的投资

从农村环境治理与打造"美丽乡村"角度来看，唯有先对农村空间规划引起持续关注，制订有效的计划，明确农村将来发展的根本目标，才可以根据相关流程推进"美丽乡村"建设。对于农村空间的计划，只借助相关单位及村委会两方的力量是无法实现的，需要中央出台对应的政策规定，设置专项规划预算，如此才能够保证农村空间规划的稳步开展。尤其是各个层次的政府机构需明确相关的配套举措，进一步增大对农村规划的帮扶力度，同时设置专门的投资目录。除此以外，对于专项资金的利用应全面监管，创建比较健全的资金应用制度，保证专项资金可以用到实处，避免出现资金浪费的情况。

（2）以未来发展目标为基础开展农村空间规划作业

在具体规划环节，应该充分考虑农村的现实状况，积极听取当地居民的看法、意见，有效实现农民的各类诉求；与此同时，在规划环节还需要全面彰显地方特点。在规划中，突出乡村生态环境自我修复需要、农村环境治理要求，统一到相关规划当中。

制订县级的乡村发展计划，全面考虑县乡土地使用整体计划、村土地使用计划、土地治理计划以及社区改建计划等，尽可能做到"多规合一"。合理部署农村治理工作、房屋建造事先筹划、进一步改善农村功能分布格局、将生活和生产空间科学区分开。激励那些有制订计划诉求及具备改建能力的农村，根据当前的经济情况优化相应的规划。并且，还需要健全农村规划管理机制，设置专门的管理服务组织，分配专业性的人才，主要用于引导与农村规划相关的所有工作。

除此以外，还应当定期组织规划人员参加各类教育、培训活动，从根本上加强乡村规划人员的专业素质，为乡村规划提供强有力的保障。

（3）持续完善农村基础设施，改善村容村貌

从农村绿化角度来看，不仅需完成好道路两旁、房前房后多余土地的绿化工作，并且还应激励条件许可的乡村开展树木种植，突出当地的特色。

从基础设施角度来看，需要着重化解生活在农村地区人们的出行难题，加速道路硬化的进程，优化乡村内部的交通环境，同时结合农村的具体状况，选用与当地路面情况相符的原料，选用青砖以及石板等材料，改善乡村道路状况。

从农村环境整治角度来看，需要从每个村落的具体情况着手，重点解决"乱建、私搭"问题，对于目前已经建成的电气线路做出系统化的整改，清理"乱建、私拉"的线路，指引人们安全、科学应用"电、水、气"，为当地居民创建起优良的生活条件。

5. 建立健全农村环境治理监督组织体系

从农村环境问题有效处理的角度来看，应当创建"系统、合理、高效"的监控机制。

从组织层面而言，需加强政府不同单位间的协作，如环保机构应联合公安局打掉那些严重污染环境的公司。

从执法层面而言，加大执法力度，对违反法律的行为应予以严厉处罚。

从内部监督层面而言，在干部考评标准中需要提高环境治理的分数占比，激发他们在环境治理上的"干劲"，同时还需不断创新内部监督模式。

从社会监督层面而言，积极引入新媒体技术，建立多元化的民众反馈途径，激励全民参与其中，并且还应高度关注媒体监督的特殊效用。"系统、合理、高效"的监控机制，不但有利于加大企业"漏排、偷排"行为的成本代价，迫使其必须做到"达标排放"；同时有利于拓宽污染监督的覆盖面，加强监督效率。

第三节　加快环境科技与环保产业发展

一、环境科技

（一）环境科技的定义

如今，各类环境问题频发，影响着人类的生存与发展。1979年的第一届世界气候大会上，环境问题第一次进入了国际公共视野，自此逐渐受到国际社会的重视。在过去几十年的发展过程中，为了缓解环境问题给人们带来的影响，

环境科技应运而生。由各国政府及相关国际组织牵头，各企业及其他实体参与，环境科技近年来得到迅速发展。

目前，对于环境科技的定义，学界没有形成统一的说法，依据地球高峰会议讨论，环境科技应具备五项特质：对环境友善的包装；无污染的行销管道；减废、回收、再利用；能源效率；污染及安全侦测、副产品与排放控制。

(二) 环境科技成果转化

1. 生态环境科技成果转化现状

从整体上看，我国科技投入和产出情况与发达国家相比，仍然存在较大差距。近年来我国研发总投入已占到 GDP 总量的 1.98%，与中等发达国家对科技的投入基本相当。我国每年至少有 3 万项科技成果问世，有 7 万项专利成果诞生。然而，我国科技成果向产业转化的比例偏低，目前约为 10%，与发达国家 30%～40% 的科技成果转化率相比，差距较大；也有研究推算出中美两国的科技成果转化率数值分别为 6% 和 50%，存在明显差距。我国高校实现授权或转让的专利占专利总数的比例仅为 2.03%。

生态环境科技领域也存在类似问题。有报道表明，我国省部级以上的生态环境领域科技成果能大范围推广且产生经济效益的不到 15%，专利技术实际实施率仅为 10%。

总之，生态环境科技创新与产业发展尚未形成互惠的良性关系，生态环境科技成果转化率仍然较低，这对于提高我国综合国力和国际竞争力极为不利。可以实际转化的产品，一定要具备让企业或社会"愿用、易用、实用"的特点，否则技术的转化是较难实现的。

2. 生态环境科技成果转化适宜的模式

基于对上述模式中存在的阻碍，提出了两种优化模式：平台主导模式和转化联盟模式。平台主导模式适用于全国范围的生态环境科技成果转化；转化联盟模式适用于供给方和生态环境产业的集群区域。

（1）平台主导模式

平台主导模式以完善中介机构的服务为抓手，针对解决中介方的活力不足、信息不对称、收益分配的矛盾等问题，以技术转让方式运行。由平台主导生态环境科技成果转化的全链条服务，借鉴中关村"天合"模式，提供双向促进服务，并负责与投融资机构谈判吸引资金。

此模式的优势在于：功能完善的生态环境科技成果转化平台，平台利用互联网、大数据等新时代优势，利用物联网、大数据、云计算等技术，健全平台提供的服务。平台借鉴日本 TLO 模式，采用会员制运营模式，客户可通过缴纳注册费，或签订转化合同的方式成为会员，享受信息优先权。

平台下属各类机构分工合作：咨询中心向供需双方提供咨询服务，明确客户具体需求后进行技术推荐；评估中心负责全过程评估并提供实时反馈；科技成果转化中心在得到评估结果后，根据需求方的具体需求制订合适的转化方案进行二次开发，并吸引投融资以提供资金支持；交易平台为买卖双方提供对接平台，负责谈判沟通、制订合理的利益分配合同；孵化基地向创业团队提供多领域协助，借鉴硅谷、张江和光谷的运行机制，以作价入股等方式协助产业孵化，完善金融链；信息交流平台则是在整合生态环境科技成果资源的基础上，向用户提供信息，解决信息不对称的问题。

（2）转化联盟模式

转化联盟模式由供需双方联盟主导，包括技术转让和联合开发两种方式。此模式的优势在于供给方联盟、需求方联盟和转化联盟的建立，供给方联盟负责解决供给方内部的制度、机构问题，需求方联盟负责提升企业的技术吸纳能力，转化联盟负责降低信息不对称、完善人才培养方式以及缓解收益分配的矛盾。

供给方联盟由高校、科研院所联合，负责整合科技成果资源，建立健全以转化为导向的科研管理制度、建设专业科技成果转化机构：①联盟统一改革各单位的绩效考核办法，借鉴美国、德国和日本的技术预评估制度，进行供给侧改革，规定具备转化潜力的专利在绩效考核中高于不具备转化潜力的专利；②借鉴 OTL 和 TLO 机构的经验，设立独立运行，采用技术经理人机制的、专业的科技成果转化机构，强化提供的转化服务。

需求方联盟由区域内的生态环境产业联合，负责整合技术需求，提升各企业吸纳技术的能力。联盟规定各企业的人事部门大力引进人才，配合企业的科研部门，发展企业的科研能力，吸纳新技术，实现"吸纳新技术—应用新技术—强化企业能力"的良性循环，设立专职专员从事科技成果转化活动，为科研人员减负。此外，鼓励联盟内企业带动企业发展，"支柱型"企业向中小企业提供技术援助，强化中小企业的研发能力。

转化联盟属于供需双方的联盟，建立供需双方的技术转让和合作关系，并负责降低信息不对称、完善人才培养方式以及缓解收益分配的矛盾：①搭建供需双方沟通桥梁，实现供需对接，并对生态环境政策和市场进行分析，借鉴日本的反馈机制，向政府提供政策反馈，降低政府、供需双方、投融资机构间的信息不对称；②鼓励供需联盟联合培养人才，将科技成果转化的实践课程以及创业教育课程融入学生培养计划中，以增加学生的实践能力，培养专业的转化人才；③联盟制定统一的收益分配制度，明确规定供需联盟之间、供给方联盟内部（研发团队之间）、需求方联盟内部（企业之间）的收益分配办法，降低收益分配不均产生的矛盾。

二、环保产业

（一）环保产业定义

"环保产业"最早出现于 20 世纪 90 年代初期，是在联合国环境与发展大会提出"可持续发展"的理念并将其作为全球未来共同的发展战略之后兴起的。经过二十多年的发展，当前的环保产业不仅拉动了相关产业的可持续发展，增加了大量的就业岗位，同时也在社会经济发展中发挥着越来越重要的作用。

在工业领域，环保产业打造出一种多层次、多结构、多功能、变工业废弃物为原料、实现循环生产、集约经营管理的综合工业生产体系；在农业领域，则强调促进生态环境的安全和稳定，实现农业生产系统的良性循环；在第三产业中，则是构建生态住宅，同时推行适度消费，厉行勤俭节约，反对过度消费和超前消费。

（二）环保产业的特征

1. 具有非独立性

节能环保产业在运营模式上与其他产业最大的不同在于其较强的非独立性，众多的细分领域与农业、工业以及服务业等部门相互交叉、相互渗透，是一个跨行业、跨领域的综合性产业。这是因为节能环保产业并不生产直接消费品，而是依附于其他产业，过相关的技术与服务解决其他产业生产消费品过程中产生的环境污染、能源过度消耗等问题。

2. 具有正外部性

从产业属性上看，区别于传统高污染、高能耗的具有明显负外部性工业产业，节能环保产业属于存在正外部性的产业，这种正外部性主要表现在环境方面。

一方面，通过处理相关产业生产过程中产生的废水、废料等改善环境压力，从而对相关产业的生产活动产生积极的影响。

另一方面，通过改善环境压力增加消费者的效用，满足人民群众日益增长的对美好生态环境的需求。因而节能环保产业具有较强的公益性，已经成为促进经济可持续发展、构建绿色循环低碳经济体系、促进我国经济结构优化转型不可或缺的基础性产业。

3. 具有政策引导性

理论上，由于节能环保产业具外部性的产业属性，仅依靠市场本身无法解决发展过程中面临的各种问题，需要政府介入解决市场失灵的问题。

实践上，节能环保产业是顺应时代发展而产生的，受环境规制等制度性因素的影响较大，需要行政手段、法律法规引导、推动市场不断完善、壮大。

4. 行业进入门槛高

作为战略性新兴产业之一，现阶段节能环保产业也具有明显的高技术性、高价值性的特点，未来产业技术水平也将继续向国际水平靠拢，这就导致节能环保企业发展前期需要大量的资本投入以及持续性的研发投入，需要具有壁垒性的高技术。而这一特点也直接导致我国节能环保产业发展不均衡，产业内存发展受限的新兴企业及中小企业，产业内排名前 10 的企业总市场集中度不到 10%，产业集中度明显偏低。

（三）环保产业发展中存在的突出问题

1. 营商环境不完善成为制约行业健康发展的重要因素

（1）市场竞争秩序混乱

低价恶性竞争现象普遍，许多项目成本和收益背离市场经济规律，导致项目建设及运行质量达不到预期，造成不少"垃圾工程""半拉子工程"。民营环保企业在与央企、国企的竞争中处于明显的弱势。在政府作为甲方的生态环境项目融资和评标中，地方政府明显倾向于央企、国企，致使民营环保企业很难单独承揽到政府项目，普遍通过分包的形式参与部分内容。

（2）民营环保企业融资难、融资贵问题没有得到解决

2018 年 11 月 1 日习近平总书记召开民营企业座谈会后，中共中央办公厅、国务院办公厅印发《关于加强金融服务民营企业的若干意见》，聚焦金融机构对民营企业"不敢贷、不愿贷、不能贷"问题，要求积极支持民营企业融资纾困。

但从近期调研看，部分金融机构落实政策不到位，资金支持方向与污染防治攻坚战重点领域有偏差。目前民营环保企业融资成本普遍为同期银行基准贷款利率上浮 20 ～ 30 个百分点，高于国有企业至少 5 个百分点。

（3）地方政府履约能力不足，管理服务效率有待提升

近年来，环保企业应收账款普遍增加，其中大部分来自地方政府委托项目和国有企业拖欠，如污水处理费、垃圾处理费、相关补贴费用等。拖欠的原因有地方财政困难无力支付、工程结算审计久拖不决、中间挪用截留等。部分企业因欠费时间长、累积数额巨大，资金周转受到严重影响。以上问题反映出政企合作地位不对等，地方政府有履约意愿但缺乏履约能力，部分部门管理服务流程烦琐、效率低下。

2. 环保产业发展的政策机制不完善，行业持续发展的动力不足

一是未形成对环保产业具有针对性的政策及管理体系。政出多门、管理脱节，政策之间缺乏系统性、协调性，影响开放、统一市场的形成。二是全社会环保投入不足。环境相关规划、计划的资金需求与实际的资金供给能力不匹配，资金不能完全到位，企业在经济增速放缓背景下对环境治理投入能力不强。三是价费机制、投资回报机制不健全。城镇污水、垃圾等市政公用环保设施历经多次提标改造后，处理费用已不能覆盖成本和合理利润，但很多地方收费标准未能及时调整使得企业运营成本攀升。农村污水、垃圾处理等尚未建立成熟的盈利模式，对政府投资、付费和补贴依赖度较高，有限的财政能力制约了产业的良性发展。四是依效付费的考核付费机制尚未确立。环保项目运行效果与付费挂钩和联动不够，污染治理设施运行监管和惩戒力度不足，环保项目重建设、轻运营的问题突出。五是环保企业税收优惠政策和绿色金融政策落地难。部分优惠政策条件苛刻，很多环保企业并未享受到。

（四）对于我国环保产业发展的建议

1. 推进科技创新的发展

有效实现科技创新，并通过内外合作来确保对节能环保技术进行创新研发，能够进一步加快产业升级工作的开展。毕竟，对于现行技术的应用而言，由于缺乏了内部人才的应用，会导致企业在运转的过程中无法实现科学技术的进一步创新，所以通过内外合作以及人才引进，能够有效确保通过专业对口人才来满足各项工作的落实，而且也能进一步提高企业的运转效率，还能保证在基本发展的过程中，贴合市场实际需求来进行科技创新，这样就能为节能环保产业的长期发展做好保障。此外，对于节能环保企业而言，也要实现以企业为主体来对科技创新体系建设工作进行开展与落实，这样才能通过学术研究的融合来进一步加快节能环保技术创新工作的开展。

2. 加强产业体系的优化

想要保证节能环保产业的进一步发展，也需要通过外部环境打造来进一步加强其体系的有效建造，而当前涉及相关产业的行政部门主要有经信委、科技厅、发改委、环保部门、煤炭管理局、农机局、质检局、商务厅以及财政厅等。

对此，想要保证推进该产业的进一步发展，也需要通过融合组建来进行跨部门节能环保产业发展组织委员会的建立，这样才能通过有效组织相关部门来实现为节能环保产业的发展提供技术、资金以及政策的支持。

此外，在基本工作开展中，也要确保节能环保产业的发展能够与当地相关产业具有明确的衔接性，以此才能在未来发展的路途中，可以真正通过节能环保产业的发展来带动其他产业的进一步升级，并真正通过社会保障机制的建设来确保该产业的全面发展。

3. 优化产业投融资渠道

对于一个产业的发展而言，如果只是单一进行政府资助，必然会导致其自身的发展出现延缓的现象。毕竟，对于政府的财政支出而言，每年都有不同的规划，所以如果只是单一给节能环保型产业进行资助，必然会导致其他行业的发展运行出现问题，而这就要优化节能环保产业的投融资渠道，并通过对渠道的拓宽来实现对资金供给的满足，这样才能真正通过投融资工作的开展来进一步加快相关企业的建设与发展。

此外，当前也可以通过社会信用保障机制的建立来提高该行业的信用公信力，这样才能有更多的银行来为其进行贷款，并且也能保证在各项资金应用的过程中，提高其透明度，这样才能真正做到通过资金的有效使用来为该产业的发展做好保障。

4. 完善当前的市场机制

企业的发展离不开市场，而行业的发展更需要通过市场保障来满足自身的运行，所以针对当前市场机制存在的问题而言，也需要进行针对性处理，并通过各种政策与保障制度的落实来进一步加快各产业的发展，这样才能在配以市场发展需求的同时，真正实现各企业工作的有效落实。

第七章　现代环境保护的可持续发展对策

人类在经过漫长的奋斗历程后，在改造自然和发展社会经济方面取得了辉煌的业绩，与此同时，生态破坏与环境污染，对人类的生存和发展已构成了现实威胁。保护和改善生态环境，实现人类社会的持续发展，是全人类紧迫而艰巨的任务。本章分为可持续发展宏观对策和可持续发展微观对策两部分。主要内容包括：完善我国自然资源保护机制、完善我国环境污染防治机制、完善考核机制、健全环境税收体系等。

第一节　可持续发展宏观对策

一、发展循环经济

传统经济发展采用的是"资源—产品—污染排放"模式，这是一种线性经济模式。在此模式的基础上，通过对相关循环经济理念的应用，将其转变为"资源—产品—再生资源"的闭环模式，在其反馈作用下，实现对物质使用的闭路循环，提高了物质和能量在经济活动中的使用效率，也有效地降低了污染物向环境的排放量，甚至实现污染的零排放[36]。在这个过程中，对其产品进行合理的利用以获得相关经济效益，使得相关经济活动的进行符合物质循环原理，从而构成"资源—产品—再生资源"的模式，使得相关生产物质通过循环实现效益的最大化，在过相关经济过程中，降低废弃物的出现。如今人们对可持续发展战略的认可程度不断提高，相关发达国家已经开始循环经济的设计工作，进而实现循环型社会的最终目标。

发展循环经济要符合生态学的相关规律，才能做到对自然资源和环境容量的最大化利用，通过清洁生产的方式，提高废弃物利用率，在一定程度上减少

---

[36]　钟水映.人口、资源与环境经济学[M].北京：科学出版社，2007.

污染物的产生，并将其向资源化和无害化转变，使得经济发展融入相应的生态物质循环领域，有效降低在经济增长过程中废弃物的排放情况。在相关循环经济的实践中，制定循环经济活动的准则，具有较强的生态经济特征。为开展经济活动模仿生态系统提供了一定的基础，根据相关物质循环的原理，以及自然界中能量流动的途径，进行相关经济系统的设计，将其纳入相应的物质循环之中，从而形成特殊的经济体系。这种经济具备低投入、低排放、高效益的优点，对缓解环境与发展之间的矛盾有重要的研究价值。

发展循环经济，就是要实现对资源的有效利用，降低产业对资源的需求，减轻产业对资源的依赖压力。在这个决策推行的过程中，通过提高对资源的开发程度，减少相关高消耗的活动开展，对废旧产品进行再次资源化，使其具备一定的再利用价值，使得相关生产中的废弃物变为其他生产环节的再生资源。

总的来说，循环经济的核心内容就是对资源进行高效的、循环的应用，而要实现从传统观念向循环经济观念的转变，其重点是实现资源利用模式的转型，即从"资源—产品—废弃物"的线性资源利用模式，转型到"资源—产品—废弃物—再生资源"的资源循环利用模式。在实际的工业生产与消费服务等方面，积极落实和推行"减量化、再循环、再利用"等基本原则，从而最大程度对资源进行合理利用，同时保证最低程度的废弃物排放，最终实现资源的节约以及生态保护的目标。实践循环经济，就需要人类社会在经济与环境方面的进步始终保持在可持续发展的同一节奏上，使得经济增长从粗放模式向集约模式转型，彻底改变原来"高消耗、高投入、高污染和低效率"的状况。

实质上，实践循环经济是以环境的保护作为根本的出发点，以生态、经济以及社会全方位的可持续的发展为目标，应用相关生态学方面的各种规律来对人类在生态、经济以及社会等多方向的活动进行合理的指导。循环经济这种发展道路是顺应人类发展的必然趋势，是经过几百年来经济与社会飞速发展之后，人类应当放缓脚步进行反思自身行为的最新途径。在产业发展方面，产业体系内部为了提升资源综合利用效率，减少废弃物的产生，并对其相关废弃物进行回收利用，最终形成一定的产业链结构，使得产业活动具有一定的循环经济特征。

循环经济产业链遵循"3R"原则的相关标准，制定出新型企业的合作方式，能够实现新的价值出现，并且能够使产业链有一定的延伸，将相关生产过程中产生的副产品或者生活垃圾作为某类生产的原料供应，既能提高资源外显价值的利用程度，同时在一定程度开发了其材料的潜在利用价值。这一举措与新发展思路完全吻合，可以实现经济与环境的协调一致，实现可持续发展。

二、合理开发自然资源

习近平同志提出的"绿水青山就是金山银山"是新时代生态文明建设的重要原则。"绿水青山就是金山银山"的理念是从深层次上解决生态和经济发展的关系的主张。落实"绿水青山就是金山银山"的理念要求我们从思想上重视环境保护，实现自然资源开发与经济社会发展的均衡[37]。在这一过程中，要改变传统的先污染再治理的发展思路。传统的先污染后治理的发展模式给自然带来严重的危害，影响了人与自然的和谐发展。

因此，落实"绿水青山就是金山银山"理念，就必须认识到人类与生态环境的整体性，要合理开发与利用自然资源，避免对自然资源进行过度的掠夺与开发，从而对人类的可持续发展带来严重的环境问题。

"顺应自然"的自然资源开发理念，要求我们根据科学规律，对自然资源进行合理开发。长期以来，自然资源的开发行为被人类利益所驱使。人类根据自身的需求，不计后果、无节制地对自然资源进行开发，没有尊重自然资源的开发规律。这些行为给自然资源的合理开发利用带来严重的后果。因此，根据"顺应自然"的理念，需要我们在尊重自然资源开发规律的基础上，对自然资源进行科学、有计划的开发与利用。

在正式对自然资源开发之前，应该对自然资源的情况进行调研与了解，对自然资源的整体情况与特点进行充分的了解，为自然资源的开发提供事实基础。在此基础上，应该结合各类自然资源的特点，采用先进技术，有计划、合理地对自然资源进行开采和利用，提高自然资源开发效率。

同时，政府部门对于一些不合理甚至非法的自然资源的开发行为要进行严厉的惩罚和打击。一些组织与企业为了经济利益，无视自然资源的开发规律，进行掠夺式的自然资源开采。这些不尊重自然资源开发规律的行为严重影响了自然资源的可持续开发利用能力，带来了严重的环境问题。针对这些行为，政府相关部门，应该进行严厉的打击与惩处，合力遏制乱开采自然资源的情况出现。应该对自然资源开采的公司进行严格的要求，不定期对它们的自然资源开发行为进行监督与规范，要求它们遵守国家的相关法律法规，根据自然资源的规律，科学地进行自然资源开发活动，从而保证自然资源的合理开发利用。

---

[37]　汤文颖. 推动绿色发展建设生态文明: 党的十九大生态文明的精神解读 [M]. 北京: 中国财富出版社, 2019.

三、完善环保法律、法规

为保障各环保政策的顺利和有效地实施，政府应该有相适应的法律、法规。我国的环保立法，必须明确规定各方的权利和义务，强化对污染者的处罚力度，保障公民的环境权。①必须能够对违法者形成约束，也就是增大违法成本。②健全我国的环境公益诉讼环境，降低环境公益诉讼门槛，提高环境保护的公民参与度。③对环保部门失职、腐败等行为，要严格追责。④增大我国环保部门的行政权力，保证其统一监管和其执法权。

四、倡导低碳发展

中国的低碳发展既要考虑本国的国情又要符合世界发展的大趋势，制定出清晰明确的阶段目标和可行的对策措施。中国为了实现低碳发展、低碳生活采取了诸多积极的应对行动。要想保障低碳生活的顺利进行，需要从指导思想、低碳技术、政治支持、制度建设、理念建设等方面加以推进。

（一）政府主导

1. 学习国际先进经验

开展国际交流与合作，积极吸纳国外先进的技术，通过国际交流与合作，促进我国生产和消费的转变。低碳发展在西方一些发达国家因为起步早，低碳技术在研发和使用上更为成熟，我国要积极引进学习国外先进的低碳发展技术[38]。

2. 转变经济发展方式

改变传统的以化石能源为主的"高能耗、高污染、低效益"为特征的增长方式，推行"低能耗、低排放、高效益"的经济增长方式。推行低碳发展方式，不仅能创造巨大的经济价值，而且能创造巨大的环保价值[39]。

3. 利用发展契机

利用国际金融危机的契机，充分利用我国减碳低成本的优势，不断提高我国低碳技术与产品的竞争力，减少传统技术发展的高碳产业所带来的潜在的"碳锁定"，逐步实现低碳发展。

[38] 谢军安，郝东恒，谢雯. 我国发展低碳经济的思路与对策 [J]. 当代经济管理，2008，30（12）：1-7.

[39] 张坤民. 低碳经济：可持续发展的挑战与机遇 [M]. 北京：中国环境科学出版社，2010.

4.积极参与节能减排

用一个负责任大国的姿态，积极地参与到发展经济与保护环境的这场博弈中来，为我国争取属于我国的发展权益。我国已经承诺符合国情与实际能力的自愿减排行动，也坚持"共同但有区别的责任"原则，要求发达国家大幅度减少碳排量。

（二）加强制度建设

构建我国低碳经济发展的国家战略框架以及相关的社会行动体系和规划体系，制定出我国经济发展的中、长、期的规划。

加强市场这只"无形的手"对低碳经济的指导作用，对高能耗行业给予资金截流，发挥金融杠杆对碳金融市场的推动作用。对于节能减排的企业要给予绿色信贷，在税收上给予更多的优惠，以多种形式支持该类环保企业的发展。

1.发挥税收的调节作用

开展低碳城市实践探索，探寻低碳生活方式的具体途径。2008年，我国将上海和保定作为低碳城市发展的开路者，总结其发展模式，向全国推广，现在国内很多城市都已开展了低碳城市发展实践探索。

2.构建法律保障体系

我国的低碳发展，还面临很多的挑战，因而要注意保护核心利益、完善能源方面的法律规范、完善气候变化立法体系、建立健全相关的低碳法律制度等方面。

（三）以马克思自然观、科学发展观为指导思想建设低碳社会

关于低碳社会这个词至今没有一个明确的定义，普遍认为是指通过发展低碳经济，创建低碳生活，培养可持续发展、绿色环保的低碳文化理念，形成低碳消费意识，实现这样的社会发展模式，使经济社会发展与保护生态环境达到双赢。

从本质上看，低碳社会的最终目的就是实现人与自然的和谐发展，这是关于马克思自然观的创造性运用，是我国现今所倡导的科学发展观模式的重要尝试。低碳社会建设的根本问题就是解决人与自然和谐发展的问题。近代认识论中的自然观认识较为片面，它将人与自然对立起来，认为人是自然的主宰，人对自然有着绝对的支配权。因而人类总是无限制地向自然界索取，掠夺自然界的资源，征服自然。在这样错误思想的指导下，人类将工业化的发展当作人类

进步的标准，将经济的发展作为追求的终极目的。在这样的自然观和社会发展观的指导下，本该和谐共长的政治、经济、文化被单一的经济利益所蒙蔽，导致人与自然的环境迅速恶化，资源迅速枯竭。低碳社会正是从人与自然愈演愈烈的冲突出发，寻求的是社会的发展与自然之间可持续发展的一种社会模式。

低碳社会的建设是一个复杂的需要全民参与的工程，涉及方方面面，如不仅需要宏观的社会文化价值导向，而且也需要微观的制度设计等对策的支持；不仅涉及经济活动和发展方式，而且也涉及人们生活方式的转变。马克思主义的自然观是以人的全面发展作为低碳社会的价值内核，低碳社会作为一种新型的社会发展模式，也正是要求实现人的全面发展，统筹政治、经济、文化的和谐发展。马克思主义自然观强调生产实践对于人类生存和发展的重要意义，强调以经济发展方式的转变来推进低碳社会的建设。

（四）以低碳技术创新作为推动低碳社会的根本动力

低碳技术创新能指引科技创新按有利于资源、环境保护的方向发展，能使科技创新系统进入一个物质—能量—信息循环过程。马克思认为人类的实践活动是人与自然统一的中介，如何减少对生态环境的破坏则是实践活动需要研究的关键问题，实现人与自然的和谐发展。

为此，马克思强调要"在最无愧于和最适合于他们的人类本性的条件下来进行这种物质变换"，而要达到这样两个"最"必须依靠科学技术的力量。为此，我们要把低碳技术创新作为建设低碳社会、推进人们选择低碳生活方式的根本动力[40]。

提升科技创新水平，积极进行技术创新，鼓励低碳技术的研发、推广与应用。要想提高国家的核心竞争力，就要掌握先进的低碳技术，要想掌握核心的低碳技术，关键还是进行技术突破。要进行科技创新和先进低碳技术的推广，摒弃过度依赖性，同时要保护知识产权，创造出符合自身发展的低碳技术，通过推广和应用新型低碳经济技术方式在不同行业中的应用，从而实现整个社会的低碳化发展。

（五）大力倡导低碳生活理念、低碳生活方式

建立以科学发展观为指导，强调发展要以人为本，一切的发展都要代表人民的根本利益。可以通过多种舆论手段，如电视、网络、报纸等，大力宣传发展低碳经济、选择低碳生活方式，普及倡导低碳生活知识，鼓励和帮助人们将

---

[40]　谭仁杰．生态文明视野下的科技文化研究 [M]．武汉：武汉大学出版社，2010．

低碳生活方式纳入日常生活中的点点滴滴。

我国实现低碳生活方式，要抓住机遇，制定相关法律体系，给予系列政策规范；在技术和政策方面给予全力的支持；企业要积极响应国家的号召，进行技术创新，生产节能环保的产品；社会公民要积极践行低碳生活方式，注重从生活小事做起。

五、改进环境保护财税政策

（一）完善财政补贴政策

现行的财政补贴政策需要进一步完善，如明确和规范财政补贴的范围，科学地规划设计财政补贴环节。

首先，在生产环节，对开发和改造先进节能环保技术等给予补贴，加大对节能环保企业的财政补贴力度，从而引导企业研发和改进技术，降低能耗，保护环境。

其次，在消费环节，应该针对高效节能环保产品给予价格补贴，引导并鼓励消费者购买这些高效节能环保产品，从而促进节能环保消费。对于超高能效产品，要进一步提高其补贴标准。需要对现行的财政补贴政策进行整合，并统一进行设计和调整，避免政策之间出现冲突。

同时，要加大政策执行的监管力度，强化补贴政策的执行效果，避免出现造假骗取财政补贴的现象，提高补贴政策的可操作性，实现健全的补贴政策效果。

（二）增加政府的节能环保投入

近年来，环境污染日趋严重，严峻的环境问题迫切要求我国要加大财政在环保方面的资金投入，可以通过设立环保概念基金或者发行环境彩票等方式来筹集资金，从而全面支持环保工作；还可以设立环保公益基金和环保投资基金等类型的环保基金，都由国家直接控股，再由社会资本和民间资本等多方参股。基金既能改善环境又能对有良好发展前景的环保项目进行专项投资，然后又可以将投资所得再投入到保护和治理环境当中，构建良性循环模式，从而增加环保资金，促进环保工作的顺利开展。

在对环境的投入上，地方政府是主力军，但是投入还不够，效果还欠佳，故要进一步强化地方政府的环保意识，加强地方政府对环境污染物的治理，鼓励地方政府在追求经济增长的同时更要注重环境保护，不能再片面地追求经济增长速度，要转变成追求经济增长的质量，同时鼓励社会资本投入到环保领域，用社会资本来改善环境的质量。

（三）建立有效的监督考评机制

首先，要建立健全监督和考评机制，这是完善我国现行横向转移支付的必要举措。健全的监督和考评机制可以动态监督横向转移支付资金的运行情况，包括资金的确定、划拨和项目的运行等，同时还可以监督转移支付双方是否行使了相应的职能，还可以帮助双方协商解决分歧和矛盾等。

其次，要制定完善的绩效考评体系标准，不仅要对支付方的转移支付规模或项目进行考评，还要对接受方的资金使用情况进行考评，从而实现更加便捷地监督。此外，还要定期对转移支付的运行情况进行科学评估。

由此可见，这种监督评估机制不仅可以规范横向转移支付双方的行为和义务，而且还可以维护双方的权利，为转移支付的顺利进行提供重要保证。横向转移支付的顺利进行有利于缩小地方政府间的财力差距，较富裕的省份对其周边欠富裕的省份提供转移支付，从而让欠富裕的省份有能力去治理污染，使得其环境质量大大改善，这对于较富裕的省份来说也有一定的好处。

（四）完善我国现行环保税制

1. 优化完善环境保护税

目前，环境保护税只对大气污染物、水污染物、固体废物和噪声这四类污染物征税，且环境保护税的实际征税范围与《环境保护税法》中规定的征收范围不一致。所以，应该将上述四类污染物之外的一些征收对象纳入环境保护税的征收范围，比如可以对碳排放征收环境保护税，从而充分发挥税收引导低碳经济发展的作用。另外，还可以将一些挥发性的有机物纳入环境保护税的征收范围，从而发挥环境保护税作为一种"绿色税制"的功能。

现行的环境保护税，其税率仍然偏低，远低于污染治理的边际成本。随着环境形势的日益严峻，应该适当地提高环境保护税税率，对不同的污染物制定不同的税率标准，从而促进重污染企业升级转型、提高产能，来充分发挥环境保护税的调节作用。

2. 加强税收征管的执法力度

对于税务部门而言，一要加强其税收征管人员的素质，定期对税收征管人员的执法能力进行考核，除此之外，由于现在税收征管需要依靠计算机网络，因此要加强税务人员学习、掌握对计算机技术，来熟练进行税收实务操作。二是加强对税收执法整个过程的监督，这样就避免了税收征管人员在执法时出现的随意性、人情化、不作为、不担当的现象，从而使税收执法更加地规范化、透明化。三是对于执法人员执法不严的情况，要加大严惩的力度，杜绝此类现象的发生。而对于纳税人员而言，通过加大税收宣传工作来增强其法律意识，从而提高其对税法知识的掌握程度，这对于其及时、准确申报纳税额、缴纳税款等有积极的促进作用。另外，对纳税人员屡催不缴、欠税严重的行为要加大惩罚力度，必要时可以采取媒体曝光的方式。最后，要营造一个良好的税收环境，在这样的环境下，纳税人员会更倾向于自觉纳税。

通过强化税收征管的执法力度，从而树立起税务部门的权威，增加其威慑力，使得税务部门能够充分发挥其职能，对排污的企业和个人进行严格征税，进而使其自觉进行节能减排，以达到保护环境的目的。

3. 加快资源税改革步伐

自然资源开采后对环境的污染程度要与其资源税税率水平相结合来对开采的企业进行有差别的征税，即对环境污染严重的自然资源适用高税率，课以重税，相反则适用低税率，如提高煤炭、金矿以及稀有矿产的资源税税率。其次应该将资源税与政府一般性税收分开管理和使用，目的是保证资源税收入能投入到节能环保领域，切实达到资源税的征收目的。

4. 改革城市维护建设税

提高城市维护建设税的税种地位，将其从原先的附加税提升为独立税，使其成为主体税种，增加该税种的重要程度，并且调高其税率，加大该税种的征收力度，从而充分发挥其保护环境的作用。

另外，要改变城市维护建设税的计税依据，我国目前实现了全面"营改增"，以增值税、消费税税额为计税依据，建议以营业收入、租赁收入、转让无形资产收入等为计税依据，这样可以稳定税收收入来源。

5. 改革耕地占用税

将耕地占用税的税率与各地区的经济发展水平相对应，经济发展水平高的地区适用高税率，而经济发展水平低的地区适用低税率。其次将占用湿地的行为纳入耕地占用税的征收范围，并且使用高税率。由于耕地占用税具有资源税的性质，可以将其纳入资源税的征税范围，还有学者建议对其进行单独立法，从而提高其税种地位。

（五）加大税收优惠政策力度

我国税收优惠形式过于单一，主要是减免税、税率优惠等直接优惠，而缺乏多元化的优惠机制，国外发达国家在此方面有很多宝贵的成功经验值得我们借鉴。具体有以下三个方面：①对企业征收增值税时，可进项抵扣企业购置的具有节能减排作用的设备；②对购买环保设备的企业实施加速折旧的优惠政策，对特定的设备允许当年100％的税前扣除，并且进一步降低这类企业的用电、土地价格；③在征收企业所得税时，对于提供环境基础设施的企业给予其税前还贷还债的优惠政策，以此来促进更多环境基础设施的投资。

（六）发挥政府绿色采购改善环境的作用

政府绿色采购可以促进供应商节能减排，可以引导消费者转变消费方向，进行绿色消费，可以促进绿色产业的发展，由于当前的政府绿色采购还存在一些问题，因此要对其进行完善，来更进一步地保护环境。

1. 提高政府采购信息的透明度

政府采购信息不仅要让我们看到事情发展的结果，而且还要展现出政府采购详细的实施过程，不仅能让公众全面、及时地了解政府的采购信息，而且还要在政府采购的披露制度、操作细节以及参考的法律标准等方面有所体现。首先，政府采购信息不仅要包括采购合同当中一些必要的详细内容，而且还需要包括具体采购事项所依据的法律法规等，从而实现公平法治的政府采购。2015年3月1日施行的《政府采购法实施条例》中规定中标、成交结果，政府采购合同应当在指定媒体上公告。但是条例还有很多细节需要改善，如政府采购信息需要及时地公开。其次，让供应商能够多渠道地了解政府采购合同的内容，从而避免采购方与招标方暗箱操作、逃避监管和监督现象的发生，以此来强化社会公众对政府采购的监督。最后，应当规范政府采购信息的发布方式，可以指定一个权威的媒体平台，现在大部分省级政府都有自己的政府采购网络平台，仅在该平台上发布信息，这样就避免了信息发布过于碎片化而影响信息传播的及时性。

2. 规范政府采购方式的选择

由于我国的政府采购方式有很多种，如公开招标、竞争性谈判、单一来源采购、邀请招标等。因此，对于政府采购各方当事人来说，很难去科学、合理地选择采购方式。所以，我们首先要控制采购方的自主选择权，优先选择公开招标，形成以公开招标为主要的采购方式，并详细规范和完善公开招标以外的采购方式。

同时，要根据不同的采购需求，发挥诸如电子采购、框架协议采购等其他采购方式的功能，从而避免随意选择或改变采购方式现象的发生。一旦确定了某种采购方式之后，就必须严格按照其程序来执行。

3. 强化政府采购的监督机制

政府采购工作能够顺利地开展与监督机制的完善是分不开的，完善的监督机制是政府初始阶段的采购进行顺利的重要保证。监督机制要发挥作用，首先要对政府采购的监管主体进行统一，只有国家财政部门才是政府采购的监管主体。其次要赋予政府采购监管主体更多的监督权，从而更好地发挥其监督作用。最后要建立外部的监督体系，例如建立社会公众以及媒体监督机制来增强政府采购的透明度，使政府采购信息能够充分公开，从源头上防止腐败现象的滋生，从而使国家项目的质量和经济效益得到保证。政府采购监督机制的强化，能够确保从业人员依法依规、公平公正地行使权力，让政府采购工作得以顺利进行，从而使政府采购发挥更大更有效的示范和引导作用。

六、完善自然资源保护机制

（一）我国自然资源保护机制的立法完善

第一，要根据各个地方的情况制定具有地方特色的自然资源保护法规。我国幅员辽阔，国土面积很大，各个地方的环境和生态系统各有特点，而自然资源保护法是针对我国的普遍情况来给予的原则性的规定，具体到各个地方，自然资源保护的情况是不一样的，这时就要地方政府根据本地区自然资源的特点，来制定具有针对性的资源保护法。由于没有具体的法律规定，只有原则性指导，在具体的执法过程中，容易出现执法标准不相同以及执法找不到法律依据的尴尬局面。所以制定各个地方的自然资源保护法是必要的。

第二，我国的自然资源现有的分类包括土地资源、水资源、森林资源、草原资源、野生动植物资源、矿产资源。除此之外，还有湿地，湿地是地球三大生态系统之一，湿地在涵养水源、化解污染、补充地下水、调节气候、维持生物多样性方面都具有重要作用，但是目前还没有对于湿地方面的专门的保护法，只有我国参加的国际公约《湿地公约》。因此，要尽快完善我国的自然资源保护法，使其能够更全面地保护自然资源。

第三，完善自然资源保护的监督管理方面的规定。政府要将自然资源监管的责任落实到部门，由部门统一负责。另外，还要扶持非政府自然资源保护组织的存在和发展，自然资源保护非政府组织在资源的保护宣传和监督方面比政府组织更有优势，非政府组织有很强的灵活性，并且也更容易接近民间，更容易发现问题。要把支持自然资源保护非政府组织发展列入法律中，给予他们各个方面的优惠，使他们在自然资源保护中充分发挥作用。

（二）我国自然资源保护机制的执法完善

第一，在自然资源保护过程中，对资源进行管理的机构，要明确地划分职权，明确执法责任和程序、执法的范畴，以免在执法过程中出现重复执法、交叉执法的现象，降低执法的效率。

第二，改进以前的执法方法，对破坏自然资源的行为进行惩罚后还要督察，防止惩罚过后，破坏自然资源的行为方式依然没有改变的现象出现。

第三，把自然资源保护作为政府领导政绩评价体系的一个方面。政府要加强认识，把自然资源保护放在重要位置，要摒弃以前的以破坏自然环境为代价追求经济增长的错误认识，把自然资源保护放在一切工作的前面。

第四，政府建立自然资源保护区，在自然资源保护区内建立生态系统监测体系；制定自然资源保护区的管理办法，禁止在自然资源保护区内进行任何开发建设活动，对自然资源保护区内的生态环境定期监测和评估，严禁任何破坏自然资源和污染性的企业或者组织进入保护区。

第五，政府要加大对自然资源保护的资金投入。各地政府要树立重视自然资源的保护的政绩观，把它列为政府政绩评估的一个重要标准。

（三）我国自然资源保护机制的司法完善

从司法方面健全和完善诉讼制度，完善对破坏自然资源的行为的惩罚机制，从而对违法者和犯罪者形成警戒作用，使其不敢轻易地破坏自然资源，从而起到保护自然资源的效果。可以从以下两个方面来加以完善。

第一，建立健全自然资源事故责任的追究制度，加大对破坏自然资源者的惩罚力度，对严重的破坏自然资源的行为予以刑法上的制裁。

第二，健全环境公益诉讼制度。环境公益诉讼是指由于公民、社会团体、法人的违法行为或者他们的不作为，导致环境遭到破坏或者即将遭到破坏，其他社会团体、公民、法人为了公共利益不至于受到影响而向法院提起的诉讼。公益诉讼的费由社会来承担。公益诉讼可以在一定程度上对公民、社会团体、法人破坏自然资源的行为予以监督，起到社会监督的作用[41]。

第三，设立自然资源保护法庭，由自然资源方面的专家来审判案件。目前我国尚没有自然资源保护法庭，设立自然资源保护法庭，有助于对于破坏自然资源的案件进行审理，提高自然资源案件审理的效率，也在无形中形成了对犯罪分子的威慑力，使犯罪分子不敢破坏自然资源。由自然资源方面的专家来审判案件，有助于对自然资源案件进行归纳总结，从而根据实践中的情况，制定出符合我国国情和自然资源情况的法律，有利于对自然资源保护法的完善，根据出现的新情况来制定法律，从而使法律适应社会经济的发展。

七、完善环境污染防治机制

（一）我国环境污染防治机制的立法完善

1. 环境保护的原则

《环境保护法》第六条，一切单位和个人都有保护环境的义务，并有权对污染和破坏环境单位和个人进行检举和控告。没有给予环保民间组织和公民的诉权，不利于对于污染和破坏环境行为的打击。只是给予公民的检举控告权。根据宪法精神，控告权指公民对国家机关和国家工作人员的违法失职行为，有向有关机关进行揭发和指控的权利。检举权指公民对于违法失职的国家机关和国家工作人员，有向有关机关揭发事实，请求依法处理的权利。检举和控告的主要区别在于控告人往往是受害者，而检举人一般与事件无直接联系。而环境保护法中的检举、控告的对象是污染和破坏环境单位和个人，由此可见环境保护中的检举、控告和宪法意义上的检举控告含义差别较大。

实践中，对污染和破坏环境单位和个人一般向环境保护行政部门进行检举和控告。现实中的环境保护行政部门往往职权有限，自己处理起环保事宜尚且力不从心，又如何去应对来自群众的检举和控告。

因此，对环境侵权的认定和防治必须要有实权部门的介入。这里的实权部门指的是公检法系统，赋予个人和环保公益组织对于严重的环境侵权行为以起诉权，这样对于环境污染的打击必将十分得力。当然由于犯罪行为的公诉权专属检察院，大部分犯罪案件的侦察权专属公安机关，因此，个人和环保公益组织对于疑是环境侵权犯罪行为有向公安机关检举和举报的权力。通过这样两个权力的赋予，民间的环保力量就获得了打击环境破坏的强大力量，对于环境保

---

[41]　闫伟．农村环境综合整治制度创新研究 [M]．北京：经济科学出版社，2011．

护有着十分重要的意义。

2.环境的监督管理

《环境保护法》第十四条县级以上人民政府环境保护行政主管部门或者其他依照法律规定行使环境监督管理权的部门，有权对管辖范围内的排污单位进行现场检查。该法对环境保护部门只是赋予了现场检查权，不利于打击正在进行严重排污企业。如果环境保护部门经过初步的认定一个企业的行为以构成严重排污，且有迹象表明其正在进行排污时，应赋予环境保护部门暂停污染企业生产的权力，以有力保护周围的环境。当然，对于环境保护部门的禁令，被禁企业有向原单位申诉或者向上级环保部门复核的权利，当然申诉或者复核期间不停止执行。由于生态环境部门对该企业的所发的禁令，切实关系到该企业的利益，属于具体行政行为，因此，被禁企业可以选择向法院起诉。对于环境保护部门的禁令如确有错误的，给被禁企业带来损失的，被禁企业可以要求赔偿。如果被禁企业对环保部门的禁令不予理睬的，仍然继续排污的，环境保护部门可以申请法院予以强制执行。

《环境保护法》第十五条跨行政区的环境污染和环境破坏的防治工作，由有关地方人民政府协商解决或者由上级人民政府协调解决作出决定。关于跨区污染管辖权的确定可以比照管辖权的确定规则，以高效尽快对环境污染予以防治，减少对环境的破坏。跨区的污染直接涉及跨区的两个行政环保部门，可以由他们直接协调。如果跨区的两个行政环保部门是平级的，可以先由他们协调，协调不成的，有其共同上级环保部门予以决定。

如果跨区的两个行政环保部门是不是平级的，一般情况下由上级环保部门予以处理，上级环保部门也可以交由下级环保部门处理。

3.环境的保护和改善

《环境保护法》第十九条开发利用自然资源，必须采取措施保护生态环境。应该具体到什么类型的企业应该采取什么样的措施保护生态环境，具体到企业的类型和采取措施的种类，如果笼统这样规定的话，可能造成在执法过程中，政府依据的法律标准不一样，那么会降低法律的权威性，也可能导致在实践中执法的混乱，一方面不利于政府的环境执法，规定过于宽泛，指导性不强，让人无所适从；另一方面不利于开发利用自然资源的企业，采取相应的保护环境的措施。比如说对于旅游开发造成的生态破坏和进行非旅游开发导致的生态破坏，就应该采取不同的环境生态保护措施。

《环境保护法》第二十二条制定城市规划，应当确定保护和改善环境的目标和任务。这一条只是从法律上进行了规定，而没有规定相应的保障这一条得以遵守的监管措施，以及监管的机构的设置，因此是不完善的。应该在做出这条法律规定的同时，就应该把保障法律实施的机构和监管的机关都规定清楚。

4. 环境污染和其他公害的防治

《环境保护法》的第二十六条规定的是三同时制度，三同时制度对于环境污染的防治意义重大，但是实践中的执行却并不理想。表现为建设项目中防治污染的设施是一个摆设，为了应付环保行政管理部门的检查。

因此，对三同时的规定应突出两点：第一，环境保护部门在对企业的防治污染的设施应进行每月一到两次的不定期检查；第二，对三同时制度贯彻不力的单位，视其情节在第二次开始给予财产的处罚。只有这样，各生产单位才会重视环境污染的防治，并将环保设施的维护和正常运转纳入日常生产监管中。

《环境保护法》的第二十八条是关于超标排污收费和治理。这里存在的问题是法律中没有对排污费的上下幅度予以规定，环境保护行政部门的执法裁量权过大，容易导致权力寻租行为。在实践中，关于排污费普遍存在远远不够支付对环境的治理，这当然有悖于排污费设置的初衷，因为排污费就是为了专项用于污染的治理。这样就导致政府会为环境额外支付排污费或者排污费被挪作其他用途。另一方面，企业的对排污的谨慎建立在污染的成本远远大于其所获利益方面。当然如果排污所获得的利益大于其成本加上排污被查出概率不大，企业的排污行为就会肆无忌惮，无所顾忌。因此对排污费的界定应是不少于治理费用和其排污期间所获得相比治理污染所获得额外利润。此外，对于有确切证据证明该排污企业在以前也有排污违法行为时，应追溯征收排污费。总之，不能让排污的企业因为排污占到便宜。通过这些规定目的是对环境保护行政部门的执法裁量权予以限制，避免执法过程的随意性；也会使企业主体对自己排污的行为的后果有更明确的预测，维护了法律的权威和稳定性。

另一方面，对于超标排污治理的责任主体不明，这里应明确超标排污的责任主体应是环境保护行政部门。在环境超标行为被认定后，环境保护行政部门会要求该污染企业上交排污费。这时，污染企业不可能自己再拿钱来治理，因此合理的超标排污的责任主体应是环境保护行政部门。该污染企业拥有治理条件时，环境保护行政部门可以要求其限期治理，但是应由环境保护行政部门对其治理成本予以补偿，因为治理本是环境保护行政部门的责任。如果该污染企业没有治理条件时，环境保护行政部门可以采用招标的形式确定治污主体，并监督验收其治污过程和结果。

《环境保护法》的第三十一条是关于发生环境污染的企业的报告义务。这一条在实践中遵守的不太理想。污染企业对于环境污染往往是有意为之，试想，有谁会主动揭发自己的环境污染行为。而被曝光后的所带来的行政罚款和公司形象的破坏更是导致污染企业对污染事故的"冷处理"，甚至不处理。发生污染事故后，受到的损害往往涉及一个群体，且容易造成直接的人身和财产的损害，稍微处理不慎容易诱发群体性事件。

因此，对环境污染事故的处理要及时，这时，发生环境污染的企业的报告义务就显得十分重要。考虑在刑法条文中设置怠于报告严重环境污染事故罪，对发生严重环境污染事故并怠于报告，情节严重的，可以追究相关责任人员的刑事责任。这样对污染单位形成强大的压力，必然有效改变"怠于报告"的状况。

（二）我国环境污染防治机制的执法完善

任何法律的有效实施都离不开有效的惩处机制，有效的惩处机制能够对违法行为形成威慑力，使人们不敢违法，从而维护了法律的权威，使法律得到有效贯彻。笔者结合《环境保护法》对环境侵权的惩处机制进行分析，并提出自己的看法。

《环境保护法》第三十六条、三十七条都规定了对环境责任企业处以罚款，但是并没有要求造成环境污染的企业负责治理污染，这样只会导致污染—罚款—再污染—再罚款的恶性循环，从而使环境污染得不到根本的解决。《环境保护法》中应该规定罚款与治理环境相结合的惩处办法，既惩罚了污染环境的企业，也使环境污染问题得到了治理，这也是谁污染谁治理所要求的。其次，还要建立相应的监督机制，监督污染环境企业对环境污染的治理。

《环境保护法》中规定的对环境污染企业处以罚款的数额没有范围的规定，实践中生态环境部门对环境污染的企业处罚往往较轻，导致企业在高额的利润的驱使下依然我行我素。这样，罚款对污染企业已经起不到警戒的作用，反而会助长企业以污染环境为代价赚取高额利润的倾向。

《环境保护法》第四十二条规定环境诉讼时效期间为三年。由于环境侵权的特殊性，环境事故结果的显现往往具有累积性、长期性。环境事故的结果可能几十年上百年才显现出来，而环境诉讼时效期间只有三年，这样既会使环境事故的受害者得不到充分保护也使环境污染企业环境污染的机会成本较低，从而变相纵容了企业的环境污染行为。

《环境保护法》第四十五条规定对环境执法人员的监督机制不完善，不应该只由环境行政部门对其进行管理监督，还应该建立社会监督机制，吸收民众和媒体对其进行监督。人人都有监督举报的权利，这样才会形成对环境执法人员的约束机制，使环境执法人员不敢滥用职权，玩忽职守，徇私舞弊。

我国环境保护的民间组织是我国环境保护的重要力量之一，民间组织在环境保护中发挥着不可忽视的作用。环保民间组织在环境监督、环保宣传等方面具有政府部门所没有的优势。但是我国环境保护民间组织的发展还存在很多问题。

第一，民间环保组织普遍存在运作资金不足的情况。政府要加强对环境保护民间组织的支持力度，给予他们更多的优惠政策、和资金支持。首先，环保部门要免费给他们提供环境污染监测仪器，让他们利用仪器去监测环境，从而得出环境污染的准确数据，并把数据及时反映给环保部门，环保部门依据这些环境污染数据可以追究环境污染事故的责任，同时利用这些数据也可以针对性的制定出治理环境污染防治的措施。其次，政府要鼓励环保志愿者的环保行动，划拨一定的资金作为他们的活动经费。

第二，民间环保组织的力量还不够强大，公众参与环保组织的热情普遍不高。首先，环保部门要加强环境保护的宣传，提高人们对环境保护的认识，使人们意识到保护环境的重要性，在全社会营造保护环境的氛围，号召更多的志愿者参与环境保护组织。其次，政府要降低环境保护民间组织成立的门槛，鼓励成立更多的环境保护民间组织。

第三，环保专业人士参与不够。环境保护民间组织更需要一些环境治理方面的专家，以环境治理专家为核心的环保民间组织才能对环境污染事件做出科学正确的分析，才能领导环保组织发挥更大的作用，才能为环境政策的制定提出确实的建议，才能对企业的环境污染行为进行有效的监督。

第四，政府要减少对环保组织的行政干预。让环保组织充分发挥自身的主动性，进行环境保护的宣传，进行环境污染的调查和监督。还要在全国建立民间环保组织的统一领导机构，对民间环保组织进行有效管理，使其能高效地开展活动，而不是像一盘散沙。

第二节　可持续发展微观对策

一、加强绿色生态观教育

（一）加强绿色化生产和绿色消费教育

首先，企业角度而言，企业应树立绿色化生产意识，生产企业要主动担负起社会责任，通过在职培训、终身教育等机制加强人员素质的培养从而强化绿色生产及产品的塑造。在对企业人员的教育和培养中，应尤其注意以下三个方面内容：第一是企业人员绿色生产的思维和理念的培养，要加深他们对绿色生产的重要性和必要性认识与引导，使他们形成更加科学的价值观；第二是让企业人员掌握绿色管理的技能，在企业生产、运营过程和运输销售等环节都使用绿色化的管理技能来实现更加科学的生产和绿色化的治理；第三是让企业的相关人员掌握一些先进的专业化技术，比如绿色的制造、生产、物流技术等，这些专业技术是强化绿色生产的基础和关键。确保生产所采购的产品及原材料符合低消耗的生态理念，在产品的制造和研发环节落实相关绿色要求。

其次，应该通过媒体和其他渠道推行绿色消费教育，需要社会对大众加以引导，绿色消费教育应当是面向全体社会成员的，通过环境问题的严重性、绿色消费价值观的必要性等教育，可以让消费者对生态环境问题给予更多关注，强化绿色消费教育有助于人们养成节约资源能源、适度节俭、保护生态环境的情感态度，减少自身的奢靡浪费等一些不合理消费行为。

绿色消费是一种正确的消费理念，强化大众的绿色理念和绿色思维，让消费者崇尚绿色消费，并将行动体现到日常行为中去，能对生态产生积极的影响。做好绿色消费的教育和引导。

（二）着力提高全民生态科学素养

生态素养的培育是一项基础又系统的工程，涉及人们对生态价值的知识储备、认知以及保护生态的意愿和行为能力，它关乎人与自然能否长期和谐共处，将我国建设成为富强民主文明和谐美丽的社会主义现代化强国的目标中，全面提升人民生态素养，无疑是非常关键的一环。

首先，提升全民生态科学素养需要提高生态认知和辨别能力，首先就需要国家和社会敦促公民真正地去了解生态，将各个渠道获得的生态知识转化为有利于环境的实际行动，做到知行合一。规范全民行为，让全民保持对生态的敬畏、对提升素养的重视。

其次，社会层面应该多方合力，高度重视，因为坚持生态发展、尊崇生态理念、推行生态行为、培养生态人才是实现良好生态可持续发展必须长期坚持的重要举措。政府是主要引导者之一，首先应该要摆正引路人的角色，从大局抓起，教育部门需要大力推进全民生态科学素养，学校教育是提升全民生态科学素养的重中之重，应该在生态素质的观念、知识和能力方面均要求达标，教师也要避免一些空洞化的教育，让学生在切实的感受中提升相关素养。此外，社会的监督、家庭的熏陶、个人的践行每一个环节都不能忽视。

落实提高全民生态科学素养，只有全民生态科学素养都提升上去了，消费者能主动遵守公德，扮演好消费者、使用者、维护者的角色，甚至主动担当起管理者和监督者的角色，生态可持续的发展目标才能更加顺利地实现。大众都应该具有环保意识、规则意识、诚信意识、协同意识，每个人都应主动地参与到生态可持续发展的运营和管理中去，加入一些生态保育工作的志愿服务，参与企业的一些常规管理，通过自身的实践和经验向企业反映一些合理的问题和诉求，能为生态价值更好实现提出相应的建议。

二、树立环境可持续安全观念

（一）化解环境变化造成的安全困境

人类生存环境的深刻变化造成了诸多的安全威胁，在处理这些安全威胁的时候，国际社会现有的方式和方法往往使自身处于安全困境之中，这些安全困境包括：环境博弈的囚徒困境、吉登斯困境和"蝴蝶效应"困境等。可持续安全观念，特别是可持续安全的宏观结构——可持续安全文化一旦在全球得以确立，安全困境就会在根本上、源头上得以化解。

我们说囚徒困境的出现就是在双方没有串供的基础上出现的，而"可持续安全观念"如果得以确立，就相当于各国在遇到环境问题时事先串供，在解决问题和制定决策时就可以产生默契，这样，环境议题上不合作的姿态将得到有效减少，在以"全球命运共同体"为观念共识的基础上，国家间在处理环境问题时都以集体的利益作为自身做出决策的基本因素，这样的决策往往最接近帕累托最优，得到的结果对各国家都是最好的选择。

就吉登斯困境而言，如果"全球命运共同体、和平正义、平等交流、重视发展、尊重自然"这样的可持续安全观念得以建构，国家在面对气候等环境变化问题上就会以正义、平等、交流的方式处理国家间的相关问题和矛盾，以发展和自然作为政策制定的考量标准，个人在日常生活中也会以尊重自然的方式规范自身的行为。这样环境安全问题一旦出现就会得到相关重视，在国家层面得到及时解决，在个人层面又得到相关预防，避免了其不断地发酵、扩大，吉登斯困境也就迎刃而解。

环境变化的"蝴蝶效应"困境强调的是环境安全问题原因的多发性、系统性、复杂性。可持续安全观念中"重视发展、尊重自然"的基本要素在环境问题治理过程中可以帮助避免"蝴蝶效应"的出现。在环境问题上，其对象是自然或者说是人与自然的关系，那么就必须把自然作为研究对象，抛开主观的、人的因素，客观地从自然的角度进行治理，否则大自然会在不经意间将环境问题逐步扩大，进而对人类的生命和财产造成损失。

（二）推动全球可持续发展

可持续发展是指一种组织原则，这种组织原则在满足人类发展目标的同时维持自然系统提供经济和社会发展所需的自然资源和生态服务。"促进可持续发展"是与"维护国际和平与安全""保护人权""提供人道主义援助""维护国际法"并行的联合国"五大行动使命"之一，是关系到子孙后代能否在地球上生存的重要议题。

可持续安全与可持续发展是相伴相生的两个议题，没有安全就谈不上发展，而发展又是维护安全的动力和源泉。以"全球命运共同体、和平正义、平等交流、重视发展、尊重自然"为主要内容的可持续安全观念在国际社会得以建构会对全球可持续发展带来极大的积极效应，而可持续安全观念中"重视发展、尊重自然"的内容在实质上与可持续发展的基本理念是相吻合的。

可持续安全观念本质上是包含可持续发展观念的，只不过可持续安全关注的不仅仅是生态系统的发展能力，还关注人与人之间、国家与国家之间有关安全议题互动的方式和结果。

（三）促进人类发展福祉

可持续安全观念建构的出发点就是包含着"理想主义"成分在内的，使用的结构建构主义理论也是一种"进化理论"，温特自己在《国际政治的社会理论》一书中也承认，其关于霍布斯文化、洛克文化、康德文化的论述是偏向倡导康德文化的。所以"可持续安全观念"在内涵设计上就是以能够促进人类发展福祉为目标的。

"和平正义、平等交流"这些观念要素的构建可以在国际社会上基本消除战争。试想国家间出现矛盾后都遵循正义原则，以平等的地位进行交换意见，通过多次交流和交往便会形成相互的谅解，寻找出正确的解决方案，这种方式必然会带来世界和平，而用于战争和军事的相关资源就可以转移到环境建设、科技发展、人文交流等领域，这对于人类发展来说最大的意义。

"重视发展、尊重自然"这些观念要素的构建可以更好地造福后代，实现人类繁衍生息的目标。如果国际社会都能够意识到"重视发展、尊重自然"，那么环境问题将逐步得到解决，环境改善将指日可待，人类的生活质量将有一个质的飞越，留给子孙后代一个更好的地球。

三、提高环保的公众参与

在现实的生活中，法律意识、公民意识等内容常常为人们所关注，但是生态环保意识并没有得到足够的关注。实际上，培养社会公众的环保意识同样具有非常重要的意义。

一方面，培养社会公众的生态环保意识能够激发社会公众保护自然环境的内在动机。通过提高社会公众生态保护意识水平，能够使生态保护行为实现从"要我做"向"我要做"的积极转变，使社会公众能够自觉地保护自然环境。这样就可以营造保护环境的社会氛围，为环境保护实践提供坚实的群众基础。

另一方面，培养社会公众的生态环保意识，能够改变人类中心主义的理念，尊重生态价值。在传统的经济发展模式中，人类中心主义曾经占据主流的思想，这使得生态发展的权益并没有得到充分的关注。加强社会公众的生态环境教育，培养社会公众的生态意识，尊重生态的价值，这使得人类在生产与发展的过程中，能够尊重生态价值，寻求人与自然和谐发展的具体措施，积极实施可持续发展战略。

因此，政府机构与社会组织应该充分认识培养社会公众环境保护意识的必要性与重要性，积极采取措施，加强社会公众的生态教育，切实提高社会公众的生态保护意识水平。政府机构要加强环境保护方面教育与宣传，倡导生态保护的理念，让社会公众认识到保护自然的重要价值。这可以促使他们在生活与工作中，积极做好环境保护工作，推动生态文明建设。

四、树立全面的生态保护理念

政府机构与社会组织在培养公众保护意识的过程中，应该引导社会公众树立全面的生态保护理念，主要包括如下三个方面。

（一）认同生态价值

意识到人类与非人类生命体是一个统一整体，倡导生命中心主义平等准则，认为人类与非人类的生命体拥有均等的生存与发展的权利。因此，培养社会公众的环境保护意识，应该认识到非人类生命形式同人类一样在地球上有其生存和发展的权利，与人类一起构成了生命共同体。这种整体性的理念，能够促使社会公众在生产与学习中，在实现自我欲望的同时，能够充分关注生态的价值，避免为了满足自身的需求，过多地影响和破坏生态系统的发展。根据这一理念，人类在推动经济与社会发展的过程中，会将生态因素作为一个重要的因素，并在发展的过程中，进行认真的贯彻执行。这可以实现人与自然的和谐发展，实现可持续发展战略。

（二）推崇节俭的生活方式

采用简单的方式获取生活中的幸福。节俭是中华民族的传统美德，在培养社会公众的环境保护意识的过程中，可以宣传和推广简单的生活方式，让社会公众能够认同与采取简单的生活方式。社会组织可以发挥自身的作用，通过网络的形式，对简单的生活方式进行宣传和推动，培养简约朴素的社会风气。通过宣传与鼓励节俭的生活方式，这能够让社会公众在生活中能够节约生活资源，避免因为过度占用生活资源而给生态发展带来压力与破坏。

（三）倡导以精神生活为核心的生活质量标准

不能将物质水平作为生活质量标准，以便避免因为人类为了拥有不断增多的物质生活资料而过度地占有生态资源，对其他形式生命体的存在和发展产生负面的作用。因此，我们可以强调人们不断丰富自身的精神生活内容，引导社会公众注重精神生活，精神世界满足了，人类整体的生活质量才算真正提高了。

参考文献

[1] 张宝杰，乔英杰，赵志伟. 环境物理性污染控制 [M]. 北京：化学工业出版社，2003.

[2] 魏晓笛. 生态危机与对策：人与自然的永久话题 [M]. 济南：济南出版社，2003.

[3] 曹荣湘，龙虎. 治理全球化：权力、权威与全球治理 [M]. 北京：社会科学文献出版社，2004.

[4] 曲格平. 环境与资源法导论 [M]. 北京：中国环境科学出版社，2007.

[5] 钟水映. 人口、资源与环境经济学 [M]. 北京：科学出版社，2007.

[6] 曹明德. 环境与资源保护法 [M]. 北京：中国人民大学出版社，2008.

[7] 王殿武. 现代水文水资源研究 [M]. 北京：中国水利水电出版社，2008.

[8] 国家人口和计划生育委员会发展规划与信息司. 促进人口长期均衡发展研究：人口发展战略与"十二五"规划研究报告之二 [M]. 北京：中国人口出版社，2010.

[9] 谭仁杰. 生态文明视野下的科技文化研究 [M]. 武汉：武汉大学出版社，2010.

[10] 张坤民. 低碳经济：可持续发展的挑战与机遇 [M]. 北京：中国环境科学出版社，2010.

[11] 司毅铭，等. 黄河流域省界缓冲区水资源保护监督管理理论研究与实践 [M]. 郑州：黄河水利出版社，2011.

[12] 闫伟. 农村环境综合整治制度创新研究 [M]. 北京：经济科学出版社，2011.

[13] 沈清基，安超，刘昌涛. 低碳生态城市理论与实践 [M]. 北京：中国城市出版社，2012.

[14] 赵建军. 如何实现美丽中国梦：生态文明开启新时代 [M]. 北京：知识产权出版社，2013.

[15] 杨莉．环境污染就在身边 [M]．长春：吉林摄影出版社，2013.

[16] 温国胜．城市生态学 [M]．北京：中国林业出版社，2013.

[17] 王中琪，杨秀政．现代辐射污染与环境防护 [M]．北京：化学工业出版社，2014.

[18] 黄晓勇．中国能源的困境与出路 [M]．北京：社会科学文献出版社，2015.

[19] 周海旺．人口、资源、环境经济学理论前沿 [M]．上海：上海社会科学院出版社，2016.

[20] 张敏．论生态文明及其当代价值 [M]．长春：吉林出版集团有限责任公司，2016.

[21] 董秀成，高建，张海霞．能源战略与政策 [M]．北京：科学出版社，2016.

[22] 任亮，南振兴．生态环境与资源保护研究 [M]．北京：中国经济出版社，2017.

[23] 高明．城市更新与可持续发展研究 [M]．南宁：广西科学技术出版社，2017.

[24] 张艳梅．污水治理与环境保护 [M]．昆明：云南科技出版社，2017.

[25] 陆浩，李干杰．中国环境保护：形势与对策 [M]．北京：中国环境出版集团，2018.

[26] 宋海宏，苑立，秦鑫．城市生态与环境保护 [M]．哈尔滨：东北林业大学出版社，2018.

[27] 胡雁．基于大数据技术的环境可持续发展保护研究 [M]．昆明：云南科学技术出版社，2018.

[28] 孙洁．PPP 模式与固废处理 [M]．北京：经济日报出版社，2018.

[29] 韩耀霞，何志刚，刘歆．环境保护与可持续发展 [M]．北京：北京工业大学出版社，2018.

[30] 王佳佳，李玉梅，刘素君．环境保护与水利建设 [M]．长春：吉林科学技术出版社，2018.

[31] 蒋平．环境可持续发展的协同效益研究 [M]．上海：复旦大学出版社，2018.

[32] 郭苏建．大气治理与可持续发展 [M]．杭州：浙江大学出版社，2018.

[33] 中国环境监测总站．城市生态环境综合评价研究 [M]．北京：中国环境出版集团，2018.

[34] 刘静艳，王雅君，黄丹宇．基于社区视角的生态旅游可持续发展研究 [M]．武汉：华中科技大学出版社，2019.

[35] 汤文颖. 推动绿色发展建设生态文明：党的十九大生态文明的精神解读 [M]. 北京：中国财富出版社，2019.

[36] 姜明. 新时代背景下碳泄漏的法律规制：理论逻辑与实现路径 [M]. 北京：中国法制出版社，2019.

[37] 周雅雯，等. 新时代城乡可持续发展的关键管理问题 [M]. 上海：同济大学出版社，2019.

[38] 王花毅，姜佳，苑卫卫. 金融风险管理与经济可持续发展研究 [M]. 长春：吉林人民出版社，2019.

[39] 谢云成. 基于可持续发展的环境保护技术探究 [M]. 北京：中国原子能出版社，2019.

[40] 彭小华. 当代环境保护问题的法律应对 [M]. 北京：知识产权出版社，2019.

[41] 武勇. 城市人居环境可持续发展策略研究 [M]. 北京：中国纺织出版社，2019.

[42] 郭静姝. 生态环境发展下的城市建设策略 [M]. 青岛：中国海洋大学出版社，2019.

[43] 龙凤. 环境保护市场机制研究 [M]. 北京：中国环境出版集团，2019.

[44] 付小娟，乔利英. 固体废物污染对环境的危害与防治 [J]. 山西化工，2021，41（01）：200-202.

[45] 周长霞. 可持续发展视角下我国农业生态与农业经济的协调发展路径探索 [J]. 山西农经，2020（08）：62＋64.

[46] 刘龙文. 城市生态环境保护与可持续发展初探 [J]. 建材与装饰，2020（08）：89-90.

[47] 杨毓敏. 城市生态环境保护与可持续发展探析 [J]. 资源节约与环保，2020（08）：106.

[48] 王敬芳. 可持续发展视角下我国农业生态与农业经济的协调发展路径探索 [J]. 农业开发与装备，2020（01）：26-27.

[49] 苏志庆. 浅谈城市生态环境保护与可持续发展 [J]. 资源节约与环保，2020（02）：2-3.

[50] 郭英. 生态环境建设与可持续发展分析 [J]. 资源节约与环保，2020（07）：161.

[51] 韩其禄. 环境保护与中国低碳经济发展分析 [J]. 环境与发展，2020，32（06）：219+221.

[52] 卞素萍. 可持续理念下生态环境保护与美丽乡村建设 [J]. 建筑与文化，2020（08）：189-190.

[53] 张翠翠. 城市生态环境保护与可持续发展探讨 [J]. 当代化工研究，2020（07）：122-123.

[54] 孙海涛. 浅谈环境保护对可持续发展的重要性 [J]. 科技经济导刊，2020，28（10）：84.

[55] 刘露奇. 论新形势下环境保护工作的可持续发展 [J]. 资源节约与环保，2019（11）：142.

[56] 王丽君，张庆明，何鹏. 浅论环境保护与可持续发展 [J]. 绿色环保建材，2019（10）：242.

[57] 周婧，范晓琳，何晋勇. 论城市生态环境保护与可持续发展 [J]. 节能，2019，38（08）：98-99.

[58] 周越珊. 基于新形势下的生态环境保护分析 [J]. 中国资源综合利用，2019，37（08）：170-172.

[59] 朱红宇. 空气污染与心脑血管疾病的相关性的研究 [J]. 科技风，2019（10）：219.

[60] 王秀明. 生态环境保护与城市发展策略研究 [J]. 低碳世界，2019，9（07）：200-201.

[61] 张志伟. 环境保护与可持续发展战略问题的思考 [J]. 低碳世界，2019，9（04）：18-19.

[62] 聂继东，郝延军. 农业生态经济发展模式与策略探究 [J]. 现代商业，2019（22）：57-58.

[63] 孙启明，方和远. 经济全球化背景下旅游国际化发展路径研究 [J]. 理论学刊，2019（02）：63-70.

[64] 郭强. 可持续发展思想与可持续发展政策 [J]. 社会治理，2019（01）：26-34.

[65] 孔祥骏. 城市生态环境保护与可持续发展 [J]. 科技风，2019（06）：120＋126.

[66] 张婷婷. 农业供给侧结构性改革的金融支持研究：以黑龙江省为例 [J]. 中小企业管理与科技（下旬刊），2018（07）：62-64.

[67] 杨刚新. 城市生态环境保护与可持续发展 [J]. 绿色环保建材，2018（11）：251+253.

[68] 王景昊. 我国海洋生态环境的基本现状与对策分析 [J]. 中国高新技术企业, 2017 (01): 87-88.

[69] 马子越. 浅析环境保护的重要性 [J]. 科技展望, 2016, 26 (05): 291.

[70] 康乐. 环境保护和可持续发展的关系 [J]. 绿色科技, 2015 (06): 224-225.

[71] 赵峻铎. 环境保护存在的问题及对策研究 [J]. 绿色科技, 2014 (05): 219-220.

[72] 杨锋. 城市可持续发展的趋势和新国际标准提案方向研究 [J]. 标准科学, 2019 (12): 6-10.

[73] 薛广路, 王兴. 我国能源消费问题的研究 [J]. 科技创新导报, 2011 (33): 1.

[74] 张英, 王杰. 资源环境强约束下工业发展路径选择 [J]. 山东财政学院学报, 2009 (02): 49-52.

[75] 任丽梅. 可持续发展社会行动系统研究 [J]. 合肥工业大学学报 (社会科学版), 2008, 22 (06): 64-67.

[76] 谢军安, 郝东恒, 谢雯. 我国发展低碳经济的思路与对策 [J]. 当代经济管理, 2008, 30 (12): 1-7.

[77] 王淑华. 论河南旅游产业的可持续发展 [J]. 工业技术经济, 2002 (05): 50-51 + 61.